U0012275

大是文化

賺錢公司也會倒閉！

熱血会計士が教える会社を潰す社長の財務！勘違い

讀財報最常犯的40個誤解

37年不敗會計師幫你破解，
讓現金流極大化、實質獲利現形，
晉升重要職位者必讀

認證會計師、稅務士
古田士會計創辦人
古田土滿——著

李貞慧——譯

CONTENTS

第一章

關於財務的本質，
你了解多少？……21

推薦序一

掌握財務報表分析神器，讓企業所有的關係人都幸福

信達聯合會計師事務所所長、臺灣創速董事合夥人、

《節稅的布局》作者／胡碩勻

　　許多企業經營者都知道看懂財務報表很重要，財報分析能幫助我們評估公司經營效果與效率是否良好，公司資金結構的風險是否安全，獲利能力的趨勢成長或衰退，跟同業對手比較誰高誰低，以及有哪些可以改善及進步的空間，還能從績效數字來激勵自己或員工。

　　儘管大家都知道財務知識重要，但通常無法判斷所接觸到的財商知識是否正確。而且坊間還不少半瓶水響噹噹的講師，如果吸收到的財會知識不正確，還可能對企業經營造成不良影響。本書作者古田土滿會計師就是感受到一樣的問題，所以熱心的寫出這本書，替大家「破解讀財報最常犯的40個誤解」。

　　我經常受邀講授「財務報表分析」的課程，許多學員是上市櫃公司的董事、監察人、發言人、財務長，甚至是企業主親自來聽。很多學員的課後反應都是：「從沒上過那麼簡單易懂的財會

課程。」是因為我講得很專業嗎？正好相反！我會在課堂上說：「財務報表很難懂，這些都不是你的錯，實在是因為有人把財務會計講得太艱深、複雜、太專業了！上完課，看著財務報表，還是看不懂。」由於我的教學方法與其他講師的指導方式很不一樣，因此難覓知音。讀了這本書後，可說是英雄所見略同。

用三大神器治理公司，用使命感讓員工幸福

作者在書中善用圖表，簡化複雜的知識，讓讀者能立刻圖文對照、快速了解。這些都與我在講授財報課程時雷同，盡量避免使用專用名詞及無聊難懂的會計理論，而是以簡化的商業邏輯與生活常識，刺激大家思考。書中還有許多圖表及插畫說明，例如，作者把所謂的三大報表：資產負債表、綜合損益表及現金流量表，稱作三種神器，只要經營者掌握這三大神器，便能讓公司治理如虎添翼。

此外，作者最令我敬佩的地方是他個人的使命感。他在本書的後半段，大方分享自己經營的會計師事務所製作的經營計畫書，也提出一些範例供其他行業公司參考。

作者的經營計畫書內容，讓我聯想到自己多年前出版的《重複的力量》中的「願景單」。

我在替中小企業上圓夢課程的內容中，有一個特點是協助組織成員，找到個人夢想與公司業績成長之間的連結。這概念與作

者的理念不謀而合，我很喜歡書裡的理念：「中小企業的經營不能只以業績為主，要與員工共享經營理念，了解公司的使命，且必須重視員工與家人，讓與公司有緣的所有人都幸福。」願各位讀者都能因這本財務好書增進企業經營能力，進而讓所有關係人都能幸福，實現夢想！

推薦序二

你是在領導？還是在管理？

臺灣財經暢銷作家／王志鈞

　　臺灣中小企業老闆經營事業時，常常卡在「領導」與「管理」的關卡上。

　　領導屬於制定公司願景、使命與長線發展方針的範疇。但是很多中小企業主連明天的錢在哪裡都不知道了，只想著眼前一年的生意，根本想不到三、五年後的事。這就是有「管理」而無「領導」。

　　同樣的，也有很多年輕新創團隊，懷抱著改變世界的夢想與技術，推出遠大的商業目標，但對於當下該如何制定短期營收成長計畫、獲利目標與毛利率等具體數字，並做好績效管理，往往付之闕如。這叫有「領導」而無「管理」。

懂會計和財務，才能同時兼顧管理與領導

　　對企業主來說，領導與管理真的是兩難嗎？理論上應該不會，而本書的作者古田土滿也從實務上回應了這個問題，並認為中小企業經營者必須身先士卒、決定經營方向，同時也應該要理

解財務的本質，以避免財務的失策。

提到財務，很多臺灣公司的老闆會認為，這是財務部門的事情，甚至認為財務是應付報稅用的，因此常常公帳、私帳，大帳、小帳混淆而不透明。至於檯面下的私帳，如果不是老闆自己抓，就是交由老闆娘管帳。

這種做法，不只臺灣公司有，連日本企業也屢見不鮮。作者是在日本執業近四十年的會計師，有感於企業主常在財務和經營的方法論上犯大錯，因此用深入淺出的文字，提出了40個常見的財務誤解。

在作者的眼中，看似複雜的財務報表，其實只要觀念通了，財務本質弄懂了，既可輕鬆抓緊幾個簡單的數字、以簡馭繁，管理好公司之外，也同時能制定有助於公司中長期發展的績效目標與數字。

財務，看起來只是金錢數字的加減乘除，但在作者的筆下，竟成了貫穿領導與管理的一串關鍵密碼，只要掌握好關鍵數字，就能輕易的統帥全軍，如臂使指的讓公司團隊都能有數字根據、有目標的向公司制定的領導方向前進。

《孫子兵法》〈作戰篇〉如此寫道：「凡用兵之法，馳車千駟，革車千乘，帶甲十萬，千里饋糧，則內外之費，賓客之用，膠漆之材，車甲之奉，日費千金，然後十萬之師舉矣。」我們常以為《孫子兵法》講的是神機妙算的戰略攻防之道，但其實書中不乏這類要求將領必須搞懂軍費、後勤補給等細瑣數字，用今天

的話來說，就是搞懂財務預算。

　　看起來，古代的戰神孫子也是深諳財務控管的高手，才能用
兵如神、百戰不殆了。

推薦序三

活用財務知識做好經營決策，一步步壯大自己的企業

連續創業家暨兩岸三地上市公司指名度最高的
頂尖財報職業講師／林明樟

在臺灣設立登記、不同型態的中小企業，一共有超過140萬家。這個數字也代表，人人都有當老闆的夢想，但是創業起頭難。創業的每一天都需要花錢，而且，要想創造收入和獲利，總是比自己想像中的難上數十倍。

老闆為了讓自己的心血結晶度過大環境的寒冬、順利存活下來，於是便校長兼工友，要同時學習產、銷、人、發、財五種技能。就算公司好不容易在激烈的競爭中存活下來，業績也日漸成長，才發現最後一關——「財務」卻一直卡關。即使刻意自學多年，但70%以上的中小企業主，還是對財務一頭霧水，或是僅有損益表基本觀念的程度而已。

我很高興有機會閱讀這本大是文化出版的好書《賺錢公司也會倒閉！讀財報最常犯的40個誤解》。這本書有兩個特色：一個是以立體模型方式，介紹最核心的財務知識，讓各位讀者快速了

解財務報表的全貌。其二則是直接以企業經營者經常面臨的40個問題或常有的觀念，單刀直入介紹關鍵知識，非常適合忙於事業經營的企業主快速學習。

所謂的財務報表，不是只為了報稅或是跟銀行往來借錢，才派得上用場；即時的財務報表資訊，就像一個人的健康體檢表一樣，能幫助我們找出公司的「病徵」、調整公司的經營體質，帶領團隊安全度過景氣的春夏秋冬。

如果你心中有很多問題，例如：

1. 要不要降價求售，以增加營收？
2. 增加營收、降低成本和控制費用？到底哪一招對增加公司利潤較為健康？
3. 如何運用財務報表，改善公司體質？
4. 身為老闆，如果只能看幾個財務指標，我應該看哪些？
5. 我的公司該不該買設備或是不動產，怎麼判斷？
6. 如何才能避免破產的困境？
7. 為什麼不能完全相信銀行給的建議？
8. 中小企業不比大公司，應該如何發放獎金才足以激勵員工……等日常營運常遇見的問題。

我相信，當你讀完這本書後，一定會找到最適合自己公司的解決方案，真誠推薦給精益求精、追求財務知識的你。

經營者不懂會計，
公司沒倒只是運氣好

　　我本身是稅務士，也是註冊會計師，而且近四十年來，也以一家會計師事務所經營者的身分，服務過三千家以上的中小企業、經驗豐富，所以我敢說真的有很多公司的社長或經營者，在財務和經營的方法論上犯大錯、存在很大的誤解，導致公司經營失敗。

　　而這些社長，只要真正理解財務的本質，就不應該會犯這些錯，更不會在不知不覺掉入陷阱。因為他們不懂，所以落入財務陷阱，浪費許多無謂的金錢和時間。每次聽到或看到這類社長的經歷，我都不禁氣得牙癢癢的，明明只要真正理解財務的本質，就可以避免失敗……這讓我覺得很悲哀。

　　中小企業經營者只要能避免財務面的失策，公司的財務狀況自然會好轉，公司經營也會趨於穩定，獲利因此增加，連帶增加保留盈餘（請參照第46頁），權益比率（equity ratio，請參照第63頁）也會水漲船高。公司可以省下不必要的花費，也就能給員工更多薪資獎金，甚至還可以抓住時機、加碼投資以增加獲利。一個好結果帶來其他更多的好結果，進入經營的良性循環。

　　反之，如果社長不懂財務，無法掌握數字代表的意義，便容易誤判情勢。一旦在財務上犯下大錯，損失將難以想像，公司甚至可能面臨破產。在無法期待業績高成長的時代，中小企業經營者必備的能力，可說是財務面的守備能力，而不是衝高營業額的能力。

先看清腳下的路，才能展望未來

　　中小企業經營者必須身先士卒、決定經營方向，本書的目的便是為他們提供財務與經營上的建議。我相信本書可以成為各位老闆的一盞明燈，為大家照亮腳邊，正確的展望未來。**本書特別精選40個錯誤與誤解，這些也都是中小企業經營者常犯的**，書中將一一細說犯錯的原因、如何正確理解，以及該採取什麼具體對策。

　　本書不會為了出奇制勝而譁眾取寵，而是用簡單明瞭的方式，說明我平時與經營者接觸時，所發現的嚴重誤解。社會上有許多資訊會誤導經營者。例如「零借款經營是錯的」，就是一個例子。完全不說明背景因素，只靠著出乎常人意料之外的說辭譁眾取寵。但閱讀本書、了解財務和經營的本質後，我相信大家都可以輕鬆看穿謊話。

　　此外，本書除了重視正確的財務與經營知識外，也**重視社長的品格問題**。我堅信一家好公司，社長一定能受到員工信任與尊敬。對中小企業經營者來說，社長除了必須在財務與經營方面做出正確選擇，在人性面上也得受人尊敬。這種社長的人格與行動可讓員工自豪，進而提升公司士氣。本書隨處都會提及這種想

法。如果你也非常希望減少經營上的失敗，帶給員工夢想與希望，也請務必仔細閱讀相關部分。

古田土會計集團（以下簡稱古田土會計）除了是一家傳授客戶稅法、會計、人事等相關建議的會計師事務所，更作為「身體力行、模範、實踐」的會計師事務所，以成為客戶的模範，並以「為全日本的中小企業打氣」為宗旨。因此特別精選我在古田土會計中實踐的內容以及成功經驗的精華，集結成本書。

如果本書能增加更多價值觀與我相同的經營者，即便是多一人也好，我都深感榮幸。本書內容以商管月刊《日經Top Leader》的專欄＜高收益體質訓練＞為基礎（這本月刊的主要讀者為中小企業經營者），逐一重新整理並加入新知識、見解所彙整而成。本書一定能解答你正在煩惱的問題。我非常期待本書能成為你的助力。

第一章

關於財務的本質，
你了解多少？

1

經營公司最重要的三種神器

　　有許多社長因為不理解財務的本質，結果在經營上犯下大錯或嚴重誤判情勢。之所以會有這些誤解，大都來自於未充分理解財務的知識，這種說法並不誇張。

　　經營者的工作就是顧全大局，有些社長因此認為瑣碎的財務工作交給會計處理就好，這其實是天大的誤解。對於必須親自掌舵經營的中小企業老闆來說，有這種想法更可謂失職。

　　要正確掌控公司經營，社長就必須掌握財務的本質，特別是最基本的三大財務報表。所謂的三大報表，不用我說，大家應該都知道，就是**損益表**（P/L，按：P/L這個簡稱在英系統較常用，美國則主要簡稱I/S〔Income Statement〕）、**資產負債表（B/S）和現金流量表（C/F）**。

　　結算財務時，公司一定會編製損益表和資產負債表。如果是公開發行公司，法規還要求編製現金流量表。這三種報表是決定經營走向的必要工具，對社長來說，可謂是經營的「三種神器」（按：原指日本天皇代代相傳的三件寶物）。

　　就算不是經營者，這三大報表現在也早已成為商務人士常識

中的常識，普通到連開口問人都覺得丟臉，有人可能會覺得哪還需要贅述、說明。如果讀者已經充分了解這三張報表，可以跳過本節不看。

　　然而，真正理解這三大報表本質的人，其實出乎意料的少。也只有一小部分的人，能真正把這三大報表當成經營工具、運用自如。

　　以下將簡單說明三大報表。我相信各位讀完之後，應該會有很多人感到驚訝，發現原來自己自以為了解這些報表，但其實還有很多地方不明白。

損益表顯示企業一整年的經營成績

首先說明損益表（P/L）。損益表的英文是「Profit and Loss Statement」，也就是有關利益與損失的計算表，簡稱P/L。至於每月的經營管理，古田土會計則運用更能掌握財務本質的「變動損益表」（變動P/L）（下圖）。原則上本書將變動損益表視為損益表來處理。

所謂**損益表**，就是顯示營業收入減去成本費用後，一整年的獲利表，**也就是「企業全年的經營成績」**。

營業收入減去變動費用後就是營業毛利，也就是俗稱的「毛利」。營業毛利再減去固定費用後就是稅前淨利。營業收入、營業

變動損益表（變動P/L）

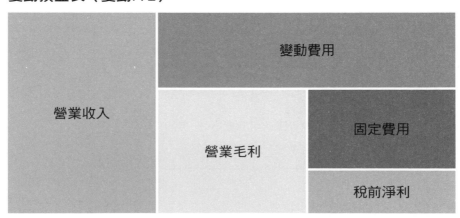

變動損益表（變動P/L）是將所有費用分成「變動費用」與「固定費用」，編製而成的損益表（P/L），用來分析經營狀況。特色就是比一般的損益表更簡單，且易於掌握收益結構。（按：一般管理會計上來說，營業收入－變動成本＝邊際貢獻〔CM〕，邊際貢獻－固定成本＝稅前淨利）

毛利、固定費用、稅前淨利是重要數字，提高稅前淨利除以營業收入的「稅前淨利率」可說是經營者的目標。（按：日本公司財報上的「經常利益」臺灣很少用到，是營業利益加減營業外收支後的金額，實際上近似於臺灣公司財報上的「稅前淨利」，為順應臺灣讀者的閱讀習慣，書中統一稱為稅前淨利。而日本財報中的稅前淨利，是經常利益加減特別利益及特別損失〔和企業平時的經營無關，只有當期因特殊原因而發生的損益，如賣出長期持有的股票、不動產而獲利或虧損〕後得到的數字。本書中會特別加註說明。）

資產負債表是看公司剩餘財產

常和損益表一起提到的財務報表還有資產負債表（B/S），英文是「Balance Sheet」。簡單來說，這個報表是用來表示留在公司裡的財產，是指「公司成立至今的累計經營成果」。只要看資產負債表，就能清楚了解歷任經營者的經營結果。

資產負債表右側顯示「資金籌措方法」，由負債與股東權益（淨值）組成。另一方面，左側則是右側資金的「運用方法」，也就是表示籌措來的資金變成什麼樣的資產。

資產負債表用來表示籌資方法與資金運用方法，所以左右自然會平衡，它的英文名稱也因此而來。經營的目的就是要提高相當於資產負債表高度的「總資產」中的股東權益占比，亦即要提高權益比率。

現金流量表用來看現金與存款的流向

　　第三張報表則是現金流量表（C/F），英文是「Cash Flow Statement」。過去提到財務報表，指的大都是資產負債表和損益表這兩張表，但現在日本已採用國際統一的會計基準，所以上市公司依規定也必須編製現金流量表。（按：臺灣上市櫃公司一般都會編製財務三表，可上「公開資訊觀測站」查詢。）

　　即使從損益表上來看有獲利，但如果手頭可運用的現金與存款很少，要是遇到銀行突然要求還款或廠商要求付款時，資金便可能短缺。為了避免陷入這種窘境，就要用現金流量表來掌握賺

資產負債表（B/S）的意義

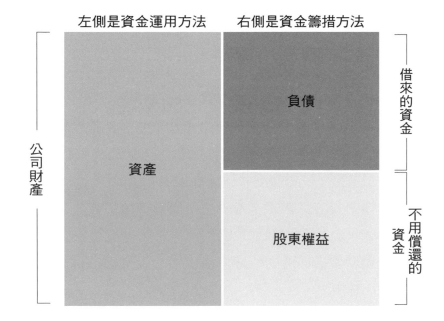

到的錢都用到什麼地方了，手邊還剩下多少現金與存款。下圖是為了讓讀者們容易理解的概略現金流量表，不過古田土會計會編製、運用更簡單明瞭的獨家現金流量表。

現金流量表可以告訴社長，一年內由年初到現在為止的獲利都消失到哪裡去了。社長要祭出資金對策時，必須每個月看現金流量表，因此必須編製當月分現金流量表和累計現金流量表。有一些中小企業，只在年底結算時才會編製，這樣根本派不上用場。

現金流量表中，重要的是由營業活動現金流量和投資活動現金流量組成的「自由現金流量」，以及當下的現金與存款餘額。

現金流量表範例

現金流量表（單位：百萬日圓）	
本期淨利	20.4
Ⅰ營業活動現金流量	
營業活動淨現金增減	25.0
Ⅱ投資活動現金流量	
投資活動淨現金增減	-10.0
自由現金流量（FCF＝Ⅰ＋Ⅱ）	35.4
Ⅲ融資活動現金流量	
融資活動淨現金增減	-35.8
本期現金與存款增減	-0.4
期初現金與存款餘額	327.7
本期現金與存款餘額	327.3

2

編財報不是為了報稅，
而是解決經營問題

　　許多中小企業社長都以為編製財務報表是為了報稅，或是為了向銀行借款，幾乎不會每個月編製月報表，來掌握公司的損益狀況和財產狀態。不懂得用月報協助經營，實在是太可惜了。

為什麼要編財務報表？找出問題、擬對策

　　不用數字掌握每個月的經營結果，如何能好好經營？月報表是極為優秀的工具，可以提供社長改善公司的對策。每個月分析損益表、資產負債表、現金流量表，針對從中發現的問題點擬定對策，這正是社長的工作。如果只在每年年底編製一次三大報表，再怎麼盯著看也是緩不濟急。

　　我認為三大報表和之後介紹的「經營計畫」，正是能拯救中小企業社長的絕佳經營工具，在管理公司時一定會用得到。

　　中小企業就像是汪洋大海上的一葉扁舟。船長，也就是經營者，必須逐一掌握船隻狀態、正確掌舵，才能平安穿越狂風巨

浪。為了提升業績、減少破產風險，有用的經營工具和經營指標永遠不嫌多……我想，這是中小企業社長的真心話。

最具代表性的工具就是三大報表和經營計畫。平時經營公司時，要妥善運用這些工具，才能為自己的船隻正確掌舵。

仔細研究吧！經營狀況都反映在財報上了

接下來，將為讀者簡單說明應該如何使用這些經營工具。我先藉由下圖整理出每種工具的角色和彼此之間的關係。

上一節也曾提過三大財務報表的本質，在此回顧一下。

損益表是顯示「企業全年的經營成績」，也就是顯示營業收入

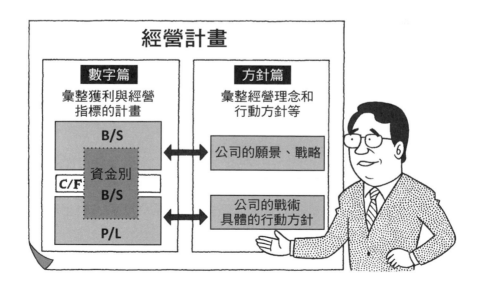

減去費用後的全年獲利表。資產負債表是顯示「公司剩餘財產」，亦即公司成立至今的累計經營成果。現金流量表則是用來看「現金與存款的流向」，可掌握公司賺來的錢都用在哪些地方、手邊還剩下多少現金與存款，告訴經營者獲利數字和實際現金的差距。

社長應理解三大報表的本質，以報表數字作為每月目標，掌握實績和目標數字的差異，為公司掌舵。**絕對不能只在每年年底才編製一次三大報表。**

而「經營計畫」就像是航海圖，其中詳細載明包含每月三大財務報表在內的經營戰略、戰術，讓社長掌舵時不必猶豫彷徨，可筆直朝目標前進。

說到經營計畫，很多人可能以為就是給銀行看的事業計畫，其實不是。我所謂的經營計畫，是由「方針篇」與「數字篇」組成。前者彙整公司經營理念和願景、戰略、戰術，後者則匯整每月目標數值和作為經營指標的三大報表。

年度開始時，編製計畫之後向全體員工公開，然後根據經營計畫經營公司。公開計畫能讓自己沒有退路，堅定必須達成的決心。經營計畫存在的目的不只是為了達成目標，也是為了讓社長對公司經營與員工的態度更為明確。公開經營計畫等同於社長告訴員工，自己打算如何讓公司成長、讓員工幸福。

用每月的三大財務報表比對目標與實績時的思維，也很重要。

資產負債表是經營的積累，可作為佐證、以確認經營計畫方針篇擬定的「戰略」是否正確、落實。看清戰略是否正確，可說是經營者最重要的工作。換言之，資產負債表就是中小企業社長

最應該優先確認的指標。

損益表當然也很重要，但這張表是某段期間的經營結果的指標，代表經營計畫方針篇中，規範現場行動方式的「戰術」結果，可由這張表解讀這段期間內的營業方針等是否合宜。

此外，還可以根據資產負債表和損益表，將資金分成四類，編製「資金別資產負債表」（資金別 B/S）（請參照第116頁）。這張表和現金流量表一起看，可以看出現金的流向。光靠資產負債表和損益表無法了解現金的實際狀態，因此詳細掌握現金流至關重要。

因此中小企業經營者要制定經營計畫，顯示其中每月三大財務報表的目標值，每月檢查實績對目標的結果，為經營掌舵。

3

營業收入和稅前淨利的關係

我擔任講師時，在研習會上曾問學員一個問題：「假設你的公司營業收入為1億日圓，稅前淨利為1,000萬日圓。如果要讓獲利翻倍，營業收入應該增加多少才好？」學員們的回答是：「再增加1億日圓。」

獲利想翻倍，先從毛利下手

充分理解損益表的人，一聽就知道，這個答案是錯誤的，然而有相當多的社長都如此回答。讀者們不妨也思考一下，自己是否能正確回答這個問題。大家應該會發現，這個問題其實沒那麼容易回答。

老實說，光有上述的條件，還不足以導出正確解答。因為想要導出正確解答，還必須知道這家公司的毛利率和固定費用。

以下就用第24頁介紹過、可讓損益表更簡單明瞭的「變動損益表」（變動P/L），和大家一起動動腦。

不懂固定費用和變動費用，就找不出對策

　　一般來說費用有兩種，一種是和營業收入成比例的「變動費用」，一種是不論營業收入高低，都一定會發生的「固定費用」，思考時必須把這兩者分開來想。變動損益表中的營業毛利，與一般損益表中的營業毛利（營業收入－營業成本）不同，指的是營業收入減去變動費用後的剩餘利益，營業毛利再減去固定費用後就是稅前淨利。經營者腦中必須隨時掌握變動損益表的狀況，並據以判斷。

　　變動費用包含（採購）商品、材料費、外包費等；固定費用則包含人事費、土地成本、房租等。只要知道自家公司的固定費用和變動費用，就可以輕鬆算出正確解答。具體說明（請參照下頁圖）如下。這個例子是假設有一家公司的營業收入為1億日圓，固定費用為5,000萬日圓，有1,000萬日圓的稅前淨利。所以這家公司的變動費用為4,000萬日圓，營業毛利為6,000萬日圓。以下稍作整理：

・營業收入1億日圓。
・變動費用4,000萬日圓（營業收入的40％）。
・營業毛利6,000萬日圓（同60％）。
・固定費用5,000萬日圓（同50％）。
・稅前淨利1,000萬日圓（同10％）。

用變動損益表理解稅前淨利翻倍時，營業收入的變化

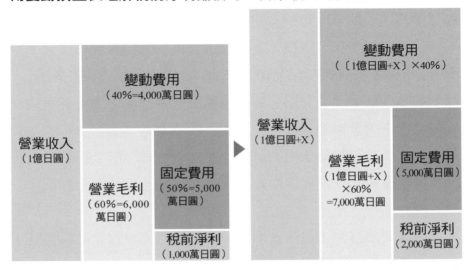

● 固定費用5,000萬日圓不變 ── 營業毛利7,000萬日圓（＝5,000萬日圓+2,000萬日圓）
● 毛利率60%不變 ── 營業收入（1億日圓+X）×60%=7,000萬日圓
6,000萬日圓+0.6X=7,000萬日圓，
X=1,000萬日圓/0.6=約1,667萬日圓

　　變動損益表中的稅前淨利，是營業收入減去變動費用和固定費用後的結果，所以用很簡單的計算公式，就可以算出稅前淨利如果要翻倍（2,000萬日圓），營業收入要增加多少才行。

　　營業毛利和營業收入成比例，所以重點就在於這家公司的營業毛利是營業收入的60％。營業收入中，營業毛利的占比就是毛利率。接著就將本頁的變動損益表記在腦中，實際計算看看。

　　營業收入增加、但固定費用不會增加，所以要實現目標的2,000萬日圓稅前淨利，毛利只要比現在增加1,000萬日圓，達到

7,000萬日圓即可。從這裡再去思考營業收入要增加多少（X日圓）才行。

業種不同，毛利率也不一樣

由變動損益表中營業毛利增加的金額（1,000萬日圓）除以毛利率（60%），就可以算出營業收入增加的金額（X日圓）。用計算公式來看，就是營業收入的增加金額（X日圓）＝營業毛利增加金額（1,000萬日圓）÷毛利率（60%）=1,667萬日圓（四捨五入後）。

也就是說，如果這家公司的稅前淨利要翻倍，營業收入不需要增加為2倍，只要再增加1,667萬日圓即可。

營業收入增加率僅僅16.7%，只要再努力一點點，獲利就會大幅增加。

另外，如果是像古田土會計師事務所這類公司，因為不用採購商品和材料，沒有變動費用，是毛利率100%的公司，計算起來就更簡單了。變動費用為零，營業收入＝營業毛利，所以想增加1,000萬日圓的利益，只要再增加1,000萬日圓的營業收入即可（但如果毛利率高的公司不投資設備或人才，光靠增加營業收入，還是有其極限）。

只要了解營業收入、變動費用、固定費用的關係，也就是確實掌握公司的損益表，立刻就可算出獲利要翻倍時，營業收入得增加的金額。

經營計畫有根據，員工就會積極達到目標

確實掌握損益表，了解自家公司的變動費用和固定費用的狀況及比例，不只可以立刻算出以上結果，還可編製合理的經營計畫。可以有憑有據的制定出營業計畫內容：「要達到這麼多獲利，就要增加這麼多員工的人事費用，所以只要以這個營業收入為目標即可。」

如果不理解這個架構，只是毫無根據的用「比去年成長百分之幾」等目標強迫員工達到，員工可能因此徹底喪失鬥志。只要讓員工們理解，並共享計畫背後的財務知識根據，每一位員工就會自行思考，努力達成營業收入的目標。

此外，要是遇到顧客要求打折、殺價時，也更能採取戰略性應對對策。例如對於「不降價就斷絕往來」等嚴苛要求，只要知道自家公司變動費用和固定費用的關係，就可以做出合理決策。將降價減少的利益和失去這位客戶的利益，放在天秤兩端衡量，就可冷靜的判斷應該忍耐還是壯士斷腕。

對數字敏感又很會賺錢的經營者，都理解財務的本質，特別是損益表的內涵，知道把力氣放在哪裡，可以得到多少利潤。正因為能在當機立斷的場合正確選擇，所以才能賺錢。

4

營業毛利和毛利率的關係

有些社長認為降價會影響毛利率，也就是影響獲利，所以不能降價，這其實是天大的誤會。說到底，東西要是賣不出去，就賺不到毛利。在相同的固定費用下，即便降價銷售，只要能增加營業毛利，就會有稅前淨利。因此有些局面還是必須採取果斷降價的戰略，以增加營業毛利。

「營業毛利」＝大概賺了多少錢

想增加營業毛利，大致有兩種戰略，一是增加銷售數量，二是調漲產品價格。此時主要的判斷基準就是毛利率。

經營者重視的數字之一是「毛利」。在變動損益表（變動P/L）中，營業收入減去變動費用後的金額就是營業毛利，簡稱毛利。（按：一般損益表的計算方法是營業收入－營業成本＝營業毛利，營業毛利－營業費用＝營業利益，營業利益＋營業外收支－營業外費損＝稅前淨利。本書為求簡單明瞭，採用營業收入－變動費用＝營業毛利，營業毛利－固定費用＝稅前淨利的變動損益

表思維，請參照第24頁。）

結算時，一般損益表中的利益，還有營業利益、稅前淨利、稅後淨利等幾種，其中最單純、表示公司事業到底賺了多少錢的，就是毛利。

在變動損益表中，毛利減去固定費用就是稅前淨利。這是因為變動損益表中的固定費用，包含了營業外收支和營業外費損。

每種利益數字都很重要，但要重視哪一種利潤，卻會因人而異，有時也會因狀況而異。不過應該有很多中小企業社長，都把增加毛利當成經營目標。

增加營業毛利時，最重要的指標「毛利率」

那麼，應該怎麼做才能增加毛利？

答案其實很簡單。只要看看變動損益表就知道，要不就是增加「營業收入」，要不就是減少「變動費用」。後者就是所謂的減降成本（Cost Down），也就是減少採購單價和材料費等。兩種方式擇一，就可以增加營業毛利。

此時要注意的，是增加營業毛利時扮演重要角色的指標——毛利率。

毛利率只要增加 1%，獲利不只增加 1%

我們來思考一下毛利率和營業毛利的關係。先來看看毛利率

增加1%時，營業毛利有什麼變化。

　　假設一家公司的營業收入為1,000萬日圓，變動費用為500萬日圓，固定費用為400萬日圓，稅前淨利為100萬日圓。

　　這家公司的營業收入減去變動費用（營業成本）後，營業毛利為500萬日圓。營業收入為1,000萬日圓，所以該公司的毛利率為50%。如果毛利率增加1%，營業毛利就變成510萬日圓，相較於原本的500萬日圓，等於增加2%。

　　毛利率增加1%，毛利金額增加2%……只不過是從1%改善成2%而已，好像沒什麼大不了，可是如果公司的營收規模大，這種改善的效果便不可小覷，特別是對低毛利率的公司來說，更是不容忽視。

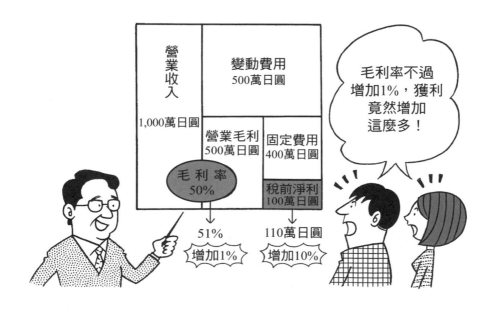

再看另一個比較極端的例子。假設一家公司的營業收入與稅前淨利同上個例子，分別為1,000萬日圓與100萬日圓。變動費用為750萬日圓，固定費用為150萬日圓，毛利率為25％。

這家公司的毛利金額為250萬日圓。當毛利率增加1％、來到26％時，毛利金額就是260萬日圓。雖然和上一個例子一樣，增加了10萬日圓，但因為這家公司原本的毛利金額就少，毛利金額改善了4％。由此可知，毛利率越低的公司，提高毛利率所獲得的改善效果越大。

更重要的是，毛利率雖然增加1％，營業利益和稅前淨利增加的可不只1％。我們用第一個例子來看看（營業收入1,000萬日圓，營業毛利500萬日圓，稅前淨利100萬日圓）。

在這個例子中，毛利率增加了1％，毛利金額會變成510萬日圓吧。固定費用為400萬日圓，所以稅前淨利變成110萬日圓。也就是說，毛利率增加1％，稅前淨利由100萬日圓增加到110萬日圓，增加了10％。

接著，再用營業收入規模更大、毛利率更低的公司來看看。

假設一家公司的營業收入為5,000萬日圓，毛利率10％，營業毛利500萬日圓，固定費用400萬日圓，稅前淨利為100萬日圓。這家公司的毛利率增加1％、達到11％，毛利金額會變成550萬日圓，增加了10％。固定費用不變、仍為400萬日圓，所以稅前淨利由原本的100萬日圓，變成150萬日圓，增加50％。

我們常為中小企業經營者舉辦讀書會，當場請大家用計算機算出這個數字時，大家都很驚訝：「原來毛利率增加1％，稅前淨

利會增加這麼多啊。」

各業種毛利率不同,應該如何提高?

此時,請大家記住,高毛利率業種和低毛利率業種所應採取的戰略不同。**原本毛利率相對較高的行業**,如製造業等,**「數量」戰略很重要**。因為已經確保一定水準的毛利率了,因此再透過業務能力增加銷售商品數量和顧客數量,提高營業收入以增加獲利,就是有效的戰略。

另一方面,**低毛利率的業種**,如批發零售等,**應該先考慮「價格」戰略**,優先確保毛利金額,可朝增加附加價值以提高客單價、以及是否能進一步減降變動費用(營業成本)等方向思考。

如果單純只想著「要提高1%的毛利率」,卻可能不清楚如此做的效果如何,所以確實記住損益表的架構,掌握可以改善多少營業毛利和稅前淨利,便更能體會到這種做法的效果。

再者,這種思維如果還能普及到全體員工,每位員工都為了提高毛利率,想方設法讓顧客願意用高一點的價格購買產品,或為了增加銷售數量,思考祭出包含降價等戰略,就可以讓全公司員工齊心協力朝目標邁進。這麼一來,公司一定可以搖身一變成為獲利的公司。

5

利益一共有五種，
哪個最重要？

中小企業經營者經常為了營業收入多寡而提心吊膽。不過公司要存續、成長，利益的重要性自不待言。

我認為，利益是守護員工及其家人的成本，是守護公司事業存續的費用。我也深信，員工們有緣與公司合作，老闆借重他們的力量經營中小企業，因此這也是經營者應有的原理與原則。公司要存續下去，就必須靠利益，而不是營業收入。

中小企業的社長，應該重視哪一種「利益」？

但雖說是「利益」，其實也分為許多種。用日本財務報表中一般損益表的利益項目來看，就有五種「利益」（按：本書主要使用的變動損益表〔請參照第24頁〕中，營業收入－變動費用＝營業毛利，營業毛利－固定費用＝稅前淨利，因此利益只有兩種。而日本一般結算時的財務報表中必備的一般損益表，利益共有五種）。

這五種就是營業毛利（毛利）、營業利益、經常利益（按：此

為日本獨有，近似於臺灣的「稅前淨利」，請參考第25頁）、稅前淨利、稅後淨利。社長究竟應該重視哪一種利益才好？實在讓人頭大。每種利益都是重要的指標，其中，中小企業社長最應該重視的利益是哪一種？

在銀行眼裡，營業利益最重要

如果在講座課程中提出這個問題，得到的答案大都是「營業利益」，也就是營業毛利（毛利）減去營業費用後的數字。

我想，聽眾們應該都是因為要讓往來的行庫，覺得自己的公司是一家優良企業，才認為營業利益最重要。會這麼說是因為，

（按：在日本的損益表中，會特別列出「經常利益」，請參照第44頁。）

對銀行來說，營業利益是優良企業的重要指標。

銀行放款時，非常在意放款對象的繳息能力。具體來說，銀行會看營業利益和利息收入的合計金額，會是利息支出的幾倍，也就是看「利息保障倍數」（Interest Coverage Ratio）。「Interest」就是利息，這個指標表示流入資金合計（營業利益和利息收入）是借款利息的幾倍。

當然，營業利益越高，這個數字就越大，銀行因此認定這是一家有餘力繳息的優良企業。如果站在銀行的立場來思考，編製一張營業利益好看的報表，自然很重要。所以重視銀行往來的社長，自然會重視營業利益。

日本一般的損益表範例

科目	金額（單位：千日圓）
營業收入	2,130,133
營業成本	1,238,081
營業毛利（毛利）	892,052
營業費用（管銷費用）	816,263
營業利益	75,789
營業外收入	18,569
營業外支出	25,887
經常利益	68,471
特別利益	649
特別損失	1,259
稅前淨利	67,861
所得稅	27,144
稅後淨利	40,717

（按：臺灣很少用到「經常利益」，它近似於臺灣常用的稅前淨利。而日本所用的「稅前淨利」，則與臺灣相同。）

稅前淨利表示公司真正的獲利能力

但我認為，中小企業社長如果要知道自己公司的獲利能力，應該重視「稅前淨利」甚於「營業利益」（按：日本一般損益表中的經常利益，和日本使用的變動損益表中的經常利益相同。變動損益表的固定費用，包含營業外收支和營業外費損。而日本一般財報上的經常利益，接近臺灣公司財報上的「稅前淨利」，〔請參閱第 24 頁〕）。

稅前淨利，也就是營業利益再加減營業活動以外的損益及特別損益。更詳細一點來說，營業利益加上利息收入，以及本業以外的租金收入等營業外收支，減去利息支出和貼現手續費等營業外費損及特別損益後，就是「稅前淨利」。

為什麼稅前淨利比營業利益重要？那是因為一般來說，中小企業的借款通常偏高，費用中利息支出的占比很高。因此如果不看營業利益加上營業外收支，減去利息支出等營業外費損及特別損益後的稅前淨利，就無法了解中小企業真正的獲利能力。光看營業利益可能會產生很大的誤會。

稅後淨利攸關公司穩定

那麼，我們應該怎麼看待財報中的稅前淨利和稅後淨利（請參照左頁表格）？對中小企業來說，當然應該積極的適度節稅，避免支付多餘的稅金。可是許多經營者過度在意節稅，總是盡力減少稅

前淨利。

　　認列各種費用作為特別損失，這樣編出來的財務報表當然不能說不好。但有時卻會發現有些案例為了節稅，而認列了過多費用，如高額的幹部保費等。這些企業通常都竭盡所能的壓縮稅前淨利的金額。稅前淨利越少，繳完所得稅等稅金後的「稅後淨利」當然也越少。但如果考慮到公司的未來和穩定，這種做法便有待商榷。

　　因為稅後淨利是增加公司的淨值與還款的來源。這個金額的一部分會轉入資產負債表的股東權益（淨值）項目中，增加股東權益金額，連帶提高權益比率。而權益比率提高，公司的財務狀況會變好，經營也更為穩定。每年確實創造稅後淨利，累積保留盈餘十分重要。因為不想繳稅而採取過度的節稅對策，減少稅後淨利，甚至變成稅後虧損的話，不管經營多久都無法提升權益比率，公司就無法成長。

　　在眾多利益數字中，只有稅後淨利會反映在資產負債表的股東權益（淨值）中。我認為，經營者無論如何都應該創造稅後淨利，以保留盈餘的形式逐步累積，讓權益比率至少達到30％以上；如果能達到60％以上，就更理想了。

　　經營公司時，老闆如果不能經常自問：「經營的原理、原則是什麼？」「什麼才是對的？」就很容易判斷錯誤。把眼光放長遠來看，自然知道眾多利益數字中，中小企業社長最應該重視哪一項。只要把利益當成「守護員工及其家人的成本」，也是事業存續的費用，對中小企業經營者來說，攸關公司穩定與成長的稅後淨利，自然可說是最重要的利益數字。

6

你的事業有多賺錢？
看稅前淨利率

「稅前淨利率到底要多高才好？」經常有人問我經營指標的相關問題。我最常聽到的說法是：「稅前淨利率至少要有10％才行。」可是這個基準並不適用於所有公司。我認為稅前淨利率因毛利率而異，所以不同業種應該有不同的目標。以下就讓我仔細為各位說明。

理想的「稅前淨利率」應該要多少？

「稅前淨利率」就是稅前淨利占營業收入的比例，是了解公司獲利能力時極重要的指標。以公式表示如下：

稅前淨利率（％）＝稅前淨利÷營業收入

簡單來說，把它想成是表示「這個事業到底有多賺錢」就可以了。

可是，稅前淨利率到底要多少才好？對於這個問題，我想就算是稅務士、會計師，也很少人能用明確的數字回答「貴公司應該要達到多少百分比才健全」。

老實說，過去的我也無法明確回答這個問題，但我從京瓷創辦人稻盛和夫的話中，找到自己的參考值。稻盛和夫在他的多本著作中，力倡「經常利益率（按：以臺灣來說，近似於稅前淨利率）不到10％，就是經營者失職」，藉此鼓舞中小企業經營者。

不到10％就是失職？為什麼？

為什麼稻盛和夫會說10％呢？

那是因為，一般製造業的毛利率是以50％為前提。各業種都有各自的參考毛利率，除了特殊情形之外，一般不會相差太遠。例如，像我們這種會計師事務所的毛利率就是100％，美容業為90％，餐飲業為66％，零售業為30％，製造業和印刷業則約50％。

毛利率就是營業毛利占營業收入的比例。相對的，稅前淨利率則表示營業收入當中，有多少可以留下來成為稅前淨利，可以用毛利率乘上「安全邊際率」（margin of safety ratio）求出。所謂安全邊際率，就是稅前淨利占營業毛利的比例，數字越高，公司可說是越穩定。

以公式表示如下：

稅前淨利率＝稅前淨利÷營業收入

安全邊際率＝稅前淨利÷營業毛利

毛利率＝營業毛利÷營業收入

整理後得出：

稅前淨利率＝毛利率×安全邊際率

　　各業種的毛利率不同，因此目標的稅前淨利率也會因業種而異。如果不論什麼公司都用相同的標準，這種想法是不對的。

目標是損益平衡點比率80％以下

　　我認為，中小企業不應該用「稅前淨利率」來看經營狀態，因為會因業種而異，所以應該以不受業種差異影響的「損益平衡點比率」來看，而且應以損益平衡點比率80％以下為目標。換句話說，也就是以安全邊際率20％為目標。

　　再補充說明一點，所謂損益平衡點比率是顯示容易獲利程度的指標，以「固定費用÷營業毛利」表示。由公式可知，就是表示營業毛利中，固定費用占多少百分比。舉例來說，損益平衡點比率80％，就表示假設毛利100時，固定費用為80，稅前淨利為20。損益平衡點比率如果是100％，就是假設毛利100時，固定費用也是100，因此無法創造任何稅前淨利。

　　相對的，安全邊際率則以「稅前淨利÷營業毛利」來表示。

營業毛利減去固定費用就是稅前淨利，因此損益平衡點比率＝一減去安全邊際率（按：損益平衡點比率＝固定費用÷營業毛利〔按：固定費用÷邊際貢獻〕＝〔營業毛利-稅前淨利〕÷營業毛利＝1－稅前淨利÷營業毛利＝1－安全邊際率）。也就是說，以損益平衡點比率80％以下為目標，相當於以安全邊際率20％以上為目標。如果毛利為50萬日圓，目標就是固定費用40萬日圓以下、稅前淨利10萬日圓以上。

如果是製造業，毛利率50％乘以安全邊際率20％等於10％，與稻盛和夫說的10％的數字一致。

順帶一提，古田土會計師事務所的事業結構是毛利率100％（亦即零變動費用）。如果乘上安全邊際率20％，即可得出稅前淨

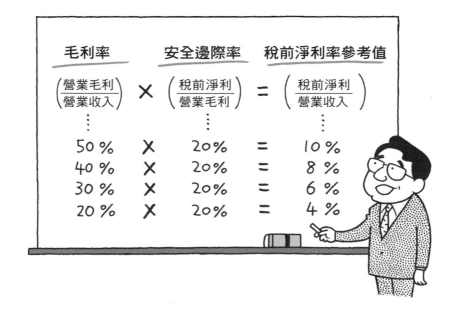

利率的參考值是20％。所以對古田土會計師事務所來說，稅前淨利率10％就太低了。

所以稅前淨利率5％的公司，就是爛公司嗎？

那麼，如果有零售業的社長問：「我們公司的稅前淨利率要做到5％，就已經是極限了，這是不是表示我們公司不行？」這個問題又該如何回答？

我的回答如下：「一般來說，不同業種有不同的毛利率，理想的稅前淨利率也會因此不同。不能單純用5％的數字來判斷一家公司好或不好。」

例如，批發零售業的毛利率低於製造業，批發業為10％至15％，零售業則是25％到30％左右。乘上安全邊際率20％來求出稅前淨利率，批發業一般就是2％到3％，零售業則是5％至6％。如果以零售業來說，5％並不是不好的數字。

綜上所述，毛利率會因業種與業態而不同，所以相對應的稅前淨利率基準也會隨之變動，10％並不是絕對基準。反而是損益平衡點比率80％以下（安全邊際率20％以上）的基準更為重要。

7

公司要有相當於三個月營收的現金與存款？

高枕無憂的公司是什麼樣的公司？

用一句話來說，就是「現金與存款比借款多」的公司。中小企業或多或少都有借款。當然有借就要還，還款就需要現金與存款。萬一銀行突然要求還款，手邊卻沒有足夠的錢，就可能陷入資金短缺的窘境。所以現金與存款比借款多，而且差額越大，這種公司可說是越安全。

公司裡現金與存款應該留多少才安心？

經常有人說「公司要有相當於三個月營業收入的現金與存款才行」，我認為用月營業收入為基準的想法很奇怪。因為以損益表的月營業收入科目為基準，去衡量資產負債表的現金與存款科目，原本就是錯誤的想法。每家公司每個月的營業收入如何變成公司的現金與存款，其實都不盡相同。各公司有不同的收款條件，而且必要資金不光受收款條件影響，也受進貨時的付款條件

和存貨量影響。

　　這裡用兩家毛利金額相同的公司為例（請參照下頁圖表）。一家是汽車整修公司Ａ，另一家則是銷售公司Ｂ。這兩家公司都各有10位員工，假設毛利金額、固定費用、稅前淨利等皆相同。不同的只有營業收入和變動費用。

　　汽車整修公司Ａ的毛利率為50％，營業收入為2億日圓。變動費用為1億日圓，毛利金額為1億日圓，月營業收入大概是1,670萬日圓。另一方面，銷售公司Ｂ的毛利率為10％，營業收入為10億日圓，變動費用為9億日圓，毛利金額和Ａ公司一樣為1億日圓，月營業收入約8,300萬日圓。因此這兩家公司雖然營業收入和變動費用不同，但其他條件都一樣，員工人數相同，毛利金額也相同，只是Ｂ公司的月營業收入是Ａ公司的5倍。所以Ｂ公司的現金與存款，必須是Ａ公司的5倍嗎？

　　其實不用。Ａ公司和Ｂ公司應有的現金與存款金額其實不會相差太多。因為相同規模、相同毛利金額的公司，應持有的現金與存款應該也相同。只要想想兩家公司不足多少現金與存款，用借款來補足不足的部分就知道。

　　用最簡化的方式來看，不足的部分就是應收帳款和應付帳款的差額。假設Ａ公司和Ｂ公司一年內都沒有收現也沒有付現，所有營業收入都是應收帳款，所有變動費用都是應付帳款的話，Ａ公司就有2億日圓的應收帳款和1億日圓的應付帳款，所以短缺1億日圓資金；而Ｂ公司的應收和應付帳款各為10億日圓和9億日圓，一樣短缺1億日圓資金（按：手邊都只剩下1億日圓的應收帳

款,非現金)。因此手邊的現金與存款只要有1億日圓以上即可。從這個例子可知,月營業收入相差達5倍的兩家公司,必要的現金與存款其實一樣。

用資產負債表來看必要的現金與存款

接著,我們用資產負債表來思考一下,手邊到底應該留下多少現金與存款才好。

事實上,這個答案會因為辦公室廠房是自有或租賃、應收帳款收款條件等而不同。在這裡,我們簡單從現金與存款應該占總

資產多少百分比的角度來思考。從結論來說，公司的現金與存款
應該占總資產的33%。

這是因為，我認為資產負債表右側的應付票據等「信用負
債」、借款等「金融負債」（按：本書中將應付票據等信用交易帶
來的負債稱為「信用負債」或「信用債務」，將對金融機構的負債
稱為「金融負債」或「金融債務」）、「股東權益（淨值）」的比例
最好是「3：3：3」。零借款且現金與存款越多，當然越好，不過
這只是理想。在現實中，大多數中小企業都必須借錢周轉。所以
一開始就折衷以「3：3：3」為第一個中間目標，能達成這個目標
就算是優良企業。如果一家公司的總資產有10億日圓，就是信用
負債3.3億日圓，金融負債3.3億日圓，股東權益3.3億日圓。

然後資產負債表左側「流動資產」中的「現金與存款」，也要
有3.3億日圓。因為金融負債有3.3億日圓，有這個水準的現金與
存款，就足以支應金融機構突如其來的還款要求。現金與存款金
額等於金融債務金額，實質上就相當於零借款經營，這是第二個
中間目標。而最終目標當然就是真正的零借款經營。

站在銀行的立場來看也是一樣。銀行傾向放款給權益比率
30%以上的公司，因為銀行最重視還款的安全性。銀行認為權益
比率30%以上的公司，即使資產價值縮水三成，也還能收回放
款。而對上游廠商來說，他們最關心下游客戶有多少錢可以付貨
款的頭期款。如果公司的現金與存款金額，和應付款項金額差不
多，就可以讓他們放心。

顧問的經營建議一定是對的嗎？

　　許多中小企業社長，極為重視自己信任的經營顧問所給的建議，甚至當成金科玉律來執行。許多人十分相信這些不具稅務士或會計師等專業資格的顧問，實在讓我很驚訝。

　　社會上當然有許多優秀的顧問。可是回顧我數十年的經驗，其實有問題的顧問也不少。這些人大多依靠自身經驗提供建議，也就是說，他們並不理解真正的財務本質。

　　會計師事務所認為最有問題的顧問，就是不具稅務士或會計師等專業資格的企業接班顧問、財務顧問、經營顧問。

　　這些不具稅務士或會計師等資格的企業接班顧問不對稅務負責，公司被查稅時也不需要在場，所以毫不在乎的提出會被稅務員否決的提案。有家公司因為繼承需要，打算壓低股價以節稅，所以將公司所有的土地建物出售給社長個人，然後公司再向社長租用。可是因為社長個人的資金不足，顧問就建議用遠低於市價的價額（扣除買賣手續費等的買賣價格）出售，以減少社長應支付的金額，同時把公司租用土地建物應支付的押金，設定為20個

月的租金金額，遠高於行情。於是兩者相抵後，社長應支付的金額就變少了。

我在這項交易執行後才知道這件事，就告訴社長：「稅務機關不會同意這個出售價額。而且20個月租金的押金也不符合常識。再加上沒有實際金流，這個出售交易很可能不被承認。」社長拿著我的話去諮詢顧問，顧問堅持沒有問題，結果報稅時，負責報稅的稅務士直接把出售價額和押金，修正為稅務機關可以接受的金額。

稅的問題要問對專家

這種顧問很不喜歡和稅務顧問共事。他們不希望公司去找稅務顧問討論稅務相關事宜，總是誇口「自己是經驗豐富的專家，稅務士欠缺經營知識和經驗」等。他們因為擔心自己的提案被否定，所以不讓公司找稅務士諮詢。

也有一些顧問建議公司成立沒必要的控股公司買賣股票。因為公司動作越大、牽涉到的金額越高，顧問所能得到的報酬也越多，所以他們的建議對公司來說，不是最佳的方案。

某財務顧問告訴公司，絕對不可以和銀行協商債務，因為這麼做可能無法再跟銀行借到錢。而當我們介入時，公司因為虧損累累、借款太多，被銀行拒絕新增放款，而且被還款壓力壓得喘不過氣來。幸好公司還有存款，我們建議這位社長立刻與銀行協商債務，暫停還本。可是社長卻相信顧問的話，不肯協商，結果

資金周轉越來越惡化。因為公司不願意聽我們的建議，所以我們也跟這家公司解約了。

之後這家公司最終無法周轉資金，反而接受了銀行提出的債務協商。社長又來找我們編製協商所需的財務報告，卻被我拒絕了。因為我不想和只會盲目相信顧問、不會自己思考、也聽不進別人意見的社長往來。

關於經營，最終負全責的是社長。但社長也是人，當然會想找人商量，這種像算命師或無執照的顧問（當然也有一些顧問雖沒有執照卻很厲害）於是應運而生。他們會洞察社長想做的事、看出他們的期望，然後推社長一把，用有魄力的態度和充滿魅力的話術，把他們導往錯誤的方向。

其實中小企業社長真正應該倚重的對象，是有財務、稅務、會計等專業知識和執照的顧問。我認為社長應該信賴的，是這些有時會反對自己意見、甚至提出逆耳忠言的正直顧問。

第二章

讀懂資產負債表，
公司更強健

8

資產負債表就是經營者的成績單

資產負債表和損益表當然都很重要，但社長們更該重視哪一張報表？

只要是經營者，幾乎都會仔細檢查每個月的數字，掌握每個月賺了多少錢、虧損是否擴大、當年度累計金額。甚至還會用心追究為什麼獲利或虧損會增加或減少，發現問題之後就提出對策來解決。

損益表和資產負債表，該以哪個為主？

但對於資產負債表，我想很多人不會像看損益表一樣，看得那麼仔細。

很多老闆會掌握手邊剩餘的現金與存款數字，因為這是付款、還款的來源，但大多數人不會仔細檢查其他項目。這或許也是因為，相較於讓經營者了解每月事業損益的損益表，資產負債表的意義比較難懂。

　　因應每日管理上的需求，損益表很重要。但我認為中小企業社長經營時，必須仔細讀資產負債表才行。中小企業社長詳讀損益表是天經地義的事。但如果不詳讀資產負債表，讀損益表只是事倍功半。平常被輕忽的資產負債表，其實才是社長必須放在心上的報表。

資產負債表是歷任經營者的成績單

　　這是因為資產負債表會明確顯示公司的財務狀況，是社長執行自己想法後的結果。說得極端一點，這張財務報表顯示出公司自成立至今的經營累積，可以一目瞭然的看出歷任經營者的經營思維，可說是經營的成績單。

　　社長經營公司時，必須經常意識到自己想要什麼樣的資產負債表。因此也必須仔細「讀」資產負債表的每月數字變化，以及截至該時間點的累計數字，以適時提出對策。之所以強調「讀」這個字，是因為必須理解資產負債表上的數字所代表的真正意義，提出對策以讓資產負債表更漂亮。這就是「讀資產負債表來經營」的含意。

以左側呈倒三角形、右側呈正三角形為目標

　　「讀資產負債表來經營」的理想報表形狀如下頁圖所示。左側的資金運用部分呈倒三角形，亦即流動資產多、非流動（固

定）資產少；右側的資金籌措部分則呈穩定的正三角形，亦即流動負債、非流動負債、股東權益（淨值）一項比一項多。（按：流動資產指一年內能變現的資產，如有價證券、應收帳款、現金等；流動負債則是一年內須償還的債務。）

　　簡單來說，就是借款少、現金與存款多的財務狀況。為了接近這個理想形狀，掌舵時就要朝著減少非流動資產和流動負債，增加流動資產和股東權益的方向邁進。

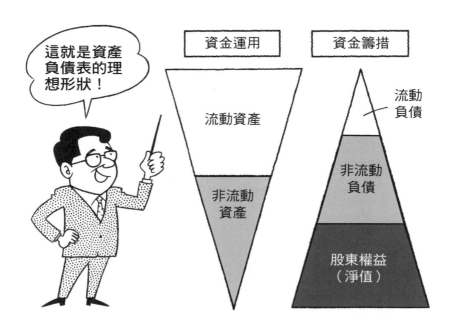

9

大白話解釋，
就是公司還有多少剩餘財產

據說世界上有許多社長對數字很敏感、很懂財務。他們自己也覺得：「我不但很懂損益表，也很懂資產負債表。」這些社長當中的確也有人對資產負債表有某種程度的了解。

可是，我認為即使是這些人，也只有一小部分會深入理解資產負債表的本質。自認為很懂財務的社長，其實對自己都有某種誤解。

原來，很多人根本沒看懂資產負債表

很多中小企業社長幾乎都說不出自家公司的「權益比率」，這就是最好的證據。眾所周知，權益比率是表示經營安定程度的指標，這個數字也代表了資產負債表的本質。

權益比率指的是在公司總資產中，股東權益（淨值）占多少百分比，真正深入了解資產負債表的人，應該可以信手捻來。然而在我們主辦的講座中，當我詢問來參加的經營者「請問貴公司

的權益比率有多少百分比」時，卻幾乎沒人答得出來。即使我拿出資產負債表，告訴他們「可以看這裡計算」，還是沒人能回答。

我想，或許是他們不記得權益比率的計算公式，所以又告訴他們：「權益比率就是股東權益÷總資產喔。」結果只有少部分人算出正確答案，這個事實著實讓我震驚。

對中小企業的經營者來說，資產負債表極為重要，可是在這種狀況下，他們根本不可能讀資產負債表來經營公司。既然都當了社長，當然必須掌握這個報表的本質才行。

資產負債表是公司剩餘財產

為了讓大家都能解讀資產負債表來經營，在此重新回顧一下資產負債表的意義吧。用一句話來表示的話，資產負債表其實就是「用金額來顯示公司剩餘財產和籌資方法的報表」。這張表分成左右兩邊，右邊表示收錢的方法，左邊則表示收來的錢如何使用。換個說法來說，報表右側是籌資方法，左側則是「用籌措來的資金所買的財產」，也就是公司財產。

公司財產一定是用籌措的資金所買來的，所以報表左側的金額一定等於右側金額。

資產負債表右側的資金籌措方法，基本上分成兩種，也就是「負債」和「淨值」（股東權益），負債在上，淨值在下。這裡所謂的負債，大家可以想成是「借款表」，也就是向往來廠商和銀行借來的錢，有一天必須償還。

　　負債根據還款期限長短，又分成「流動負債」和「非流動負債」。流動負債排在上方，包含應付票據、應付帳款、短期借款等，必須儘早償還。後者的非流動負債排在下方，包含長期借款等，是還款期限較長的負債。

　　負債下方的淨值，又稱為股東權益，內容和字面意思一樣，指的就是股東自己出的錢。簡單來說，就是不用還給別人，是自己的錢，包含股本、保留盈餘等。

「所有物表」－「借款表」，就是「自己的東西」

　　資產負債表左側，就是用右側籌措的資金購買的資產列表。

可以說報表左側就是公司的「所有物表」。

左側又可以分成現金與存款、相對容易變現的應收帳款、存貨等「流動資產」，以及土地建物等變現不易的「非流動資產」。所有物表的上方是流動資產，下方則是非流動資產。

左側所有物表合計金額，減去右側借款表合計金額，剩下的就是自己的東西。我想這應該憑直覺即可了解。而權益比率就表示「公司所有物中，有多少百分比是自己的東西」。

也就是說，權益比率就是表示公司的所有物中，自己的東西有多少的指標，是明確顯示資產負債表本質的數字。

大致掌握資產負債表的含意

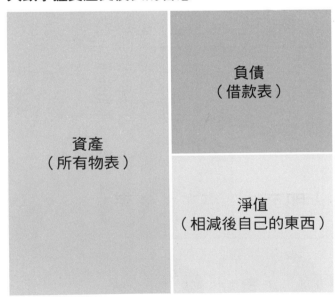

資產
（所有物表）

負債
（借款表）

淨值
（相減後自己的東西）

顯示公司所有物中，有多少是真正屬於自己的東西。

10

權益比率越高，
公司越不容易破產

損益表是企業一年活動的結果，顯示營業收入和獲利等事業結果。也就是公司上下一心、致力於企業活動的成果，可說是全體員工努力的成果。

換句話說，這不是社長一個人可以左右的。

相對的，資產負債表則可以憑社長一人之意而大幅改善。許多社長以為損益表和資產負債表都是全體員工努力的成果，這種想法其實是個誤解。

舉個極端的例子來說，也就是企業瘦身，亦即壓縮總資產（公司所有資產的金額合計）。

社長一人即可改善資產負債表

中小企業裡只有經營者能做這種決定。這也就是我會說「資產負債表可以憑社長一人之意而大幅改善」的原因。社長可以壓縮公司裡潛藏的無用資產，將公司轉變成不易破產、容易獲利的

體質。大家可以想像成是減掉公司的贅肉，全身變得有肌肉又輕盈的感覺。

賣掉多餘資產、減少借款，公司從臃腫變精壯

具體來說，就是收回應收帳款，出售不需要的土地建物等非流動資產，並增加手邊的現金與存款，償還過多的借款，以壓縮公司的總資產。

總資產減少，資產負債表本身的高度會降低，表示公司規模變小，有些人對此抱著負面印象，但其實不須如此，這其實就是瘦身減去贅肉的概念。

例如，中小企業的重要經營指標有權益比率和資產報酬率，而瘦身可以大幅改善這兩個指標。

打造強健體質，就不易破產、獲利更輕鬆

權益比率的計算方式如前所述，就是「股東權益（淨值）÷總資產」，能用來看一家公司的財務體質是否健全。權益比率越高，公司越安全，越不容易破產。

另一個資產報酬率（Return On Assets，簡稱ROA），則是用來表示公司如何有效率的使用資產，計算方式是「稅前淨利÷總資產」，這也是顯示公司獲利能力的指標。

這裡要請大家注意的是，兩個指標的分母都是總資產。

也就是說，只要社長決定減少總資產，回收應收帳款，出售不需要的非流動資產、減少借款，就可以把公司改善成不易破產又容易賺錢的體質。當然，增加分子的淨值或稅前淨利，也可以

權益比率、資產報酬率（ROA）計算公式

$$權益比率（\%）= \frac{股東權益（淨值）}{總資產}$$

$$資產報酬率（\%）= \frac{稅前淨利}{總資產} = ROA$$

改善這兩個指標。只不過，對於經營沒有餘裕的中小企業來說，比較不容易增加分子的淨值、稅前淨利。

賣掉閒置的資產，然後拿去還債

除了回收應收帳款與出售非流動資產外，出售存貨和有價證券也可以壓縮總資產。如果有不需要或閒置的資產，就出售變現以償還借款。要下定決心出售資產其實並不容易，但如果有出售損失還可以節稅，所以請仔細檢查一下資產負債表。

借款一旦減少，每月應支付的利息和本金也會減少，利益增加，現金流量獲得改善，公司體質就會越來越健全。中小企業中只有老闆能做這種決定。

11

比增加獲利更重要的事，
減少負債

　　經營公司，獲利當然很重要。公司要存續、持續成長，獲利就是基礎。為了付薪水給員工，維持員工生計，獲利也是絕對必要的。幾乎所有中小企業的老闆，最關心的都是公司獲利多少、虧損降低多少。

　　所以年年獲利的中小企業，可說是經營上的模範生。實際上，每年都獲利的公司老闆，對自己的經營能力和公司的安全性也很有自信。可是，有時這反而是天大的誤解。

公司有獲利固然好，負債多少才是重點

　　就算公司年年獲利，如果財務體質有問題，依然還是有破產的風險。

　　財務體質有問題的公司，通常都有很多借款。用資產負債表來看，就是借款依存度高，這也代表公司借款占總資產的比率高。借款依存度的計算方式就是長期借款、短期借款、貼現票據

餘額的合計金額，除以總資產。

這種公司除了借款金額高，通常也有不符合獲利能力的過多土地建物、有價證券等資產，這些都是用銀行借款買來的。簡單來說，就是借錢購買了超出實力的資產。

為了不變成這種公司，老闆必須經常掌握自家公司的現狀，此時權益比率就是很有效的指標。這個指標和顯示資產中借款比重的借款依存度，可說是互為表裡，它會顯示在總資產中，代表自己的東西占有多少百分比。

那權益比率要多少才算好？我認為最少應該要有30％。請讀者們算一下自家公司的權益比率，如果不到30％，最好要檢查一下財務體質。

長期來看，要提升權益比率，重要的是增加獲利，逐步清償借款，累積淨值；中期來看就是要優先詳查資產負債表，找出不需要的資產並著手整理，減少總資產。

減少應收票據、應收帳款、土地等位於資產負債表左側的無用資產，籌措償還借款的資金。比起用稅後淨利償還借款，出售不需要的資產、回收應收款項償還借款，這種方法因為不用繳納稅金，可以償還得更多。

順帶一提，我的公司權益比率為90％，總資產23億日圓，其中17億3,000萬日圓為現金，沒有應付票據和借款，是零借款經營。如果把保險解約，手邊共有23億日圓的資金。

之所以保留這麼多現金，是為了發生萬一時，還可以守護員工和員工的家人。我的公司名下也沒有土地建物。因為我認為發

生突發狀況時，無法立刻變現的資產不能算是資產。

　　守護公司的資產是現金與存款。不少中小企業的權益比率有20％以上，表面上看來還不錯，但其實只是土地建物很多，手邊沒有現金。這樣的公司要是發生什麼萬一，根本無法守護員工及其家人。

首先要有30％以上，再以下一個階段前進

　　中小企業要永續經營，重要的是財務體質要健全。想要改善財務體質，唯一的方法就是減少應付票據和借款等負債，一點一

滴的累積現金與存款等，提高權益比率。

　　我認為，一家公司的理想權益比率應該要有60％以上，至少也應該以30％為低標。看看社會上的中小企業，權益比率超過30％的公司是壓倒性的少數。其中甚至還有公司的權益比率不到10％。想必連銀行也不敢信任這樣的公司，因為只要一點風吹草動，銀行就會抽銀根，公司一下子就會破產了。

　　就算年年獲利，中小企業的老闆還是必須好好了解權益比率。請務必謹記出售不需要的資產，回收應收帳款與票據，把錢拿來償還借款，提高公司的權益比率才是上策。

12

公司持有的現金與存款，要多於總資產的三分之一

社會上大多數中小企業都有負債。雖說要以權益比率30％以上為目標，但事實上的確很困難。其中也有老闆因為權益比率已達30％以上，就覺得安心了。

那麼，如果公司的權益比率達30％以上，是否就算是安全了？答案是「否」。

權益比率10％以下的公司，隨時可能破產

上一節也提到，權益比率30％不過是低標，理想是達到60％以上。考慮到今後的社會環境等將會越來越嚴苛，因此絕對必須突破30％才行，但也不是說達到30％以上就可以安心。

為了更容易取得銀行融資，就算權益比率已達到30％，也不能放鬆，還是必須壓縮無用的資產，持續提高權益比率才行。

為什麼會把理想的權益比率設定在60％？這是因為據我所

知，有一些銀行的企業徵信表中，只要權益比率達60％以上就可以得到滿分。現今連銀行自身的經營都越來越困難，因此提高對中小企業放款的基準，也是合情合理的做法。因此，中小企業的經營目標自然也應該配合銀行的基準。

支票跳票最致命，理想的權益比率能救命

我認為，絕對不能退讓的底線是權益比率30％，也就是公司總資產當中，有30％是自己的錢，不用拿去還給別人。換言之，剩下的近七成都是借款（負債）。也就是權益比率至少30％以上，

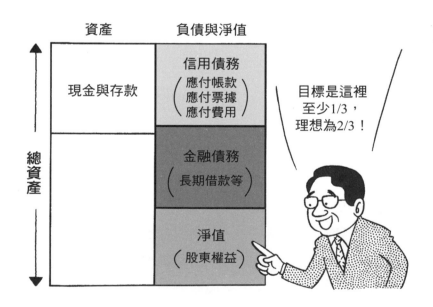

表示「30%的公司總資產，是用自己的錢買來的，靠債務買來的總資產不到70%」。

但光是這樣還不夠。中小企業破產的主要原因之一就是支票跳票，所以財務狀況必須足以避免跳票發生。

我認為當權益比率達30%以上時，資產負債表的右側應該以淨值、金融債務、信用債務（按：本書中將應付票據等信用交易帶來的負債稱為信用負債或信用債務，將對金融機構的負債稱為金融負債或金融債務），三大要素各三分之一為目標，如左頁圖表所示。這個比率也可以證明公司經營很平衡。此外，公司持有的現金與存款，也要多於總資產的三分之一。

現金與存款應多於信用債務

假設一家公司的總資產為10億日圓。

首先第一個是淨值，也稱為股東權益，應有3.3億日圓。第二個是以金融機構借款為主的金融債務，應為3.3億日圓。第三個信用債務則是日常交易產生的借款，包含應付票據、應付帳款、應付費用等。信用債務也應該是3.3億日圓。在這個狀態下，資產負債表左側的現金與存款，應該超過信用債務，有3.3億日圓以上。

這家公司如果有3.3億日圓的現金與存款，就可以避免信用債務中最無法協商的「應付票據」跳票，不會立刻破產。這樣就可以暫時安心。

　　也就是說，財務狀況不佳的公司，為了公司的安全、避免倒閉，應該藉由借款讓手邊資金超過信用債務，並以權益比率達30%以上為首要的目標。

如何上網查上市櫃公司的財務三表

　　臺灣讀者可以上「公開資訊觀測站」（mops.twse.com.tw），於首頁輸入股票代號或名稱後，可在個股頁面下方欄位找到「財報資訊」欄位，其中就可分別點選資產負債表、綜合損益表、現金流量表等。

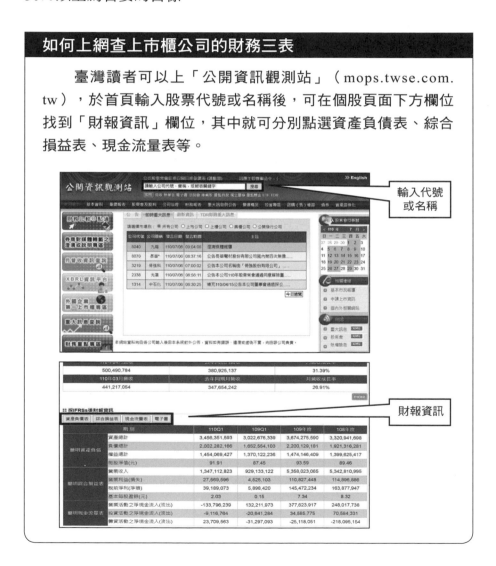

13

厲害的老闆會讓公司
存款多於借款

　　一樣米養百樣人，有些經營顧問說得跟真的一樣：「有些人很自豪自己零借款經營，其實銀行不會借錢給沒有還款實績的對象。零借款經營的公司才容易破產，實質零借款才是正確做法。」

　　真的是這樣嗎？從結論來說，這個說法大錯特錯。

零借款經營也有等級之分

　　近四十年來，我看過3,000家以上的中小企業，只要是理想的零借款經營公司，即使有些公司因為社長高齡或後繼無人而停業，卻沒有任何一家公司破產。

　　會破產的公司一定是借款太多和有應付票據。出現巨額虧損時，無法取得銀行融資的公司，通常是借款過多、手邊沒有資金，例如原打算用借款籌資，最後只好開票籌資的公司。「零借款公司才容易破產」，這種主張根本沒有討論的價值，而咬定實質零借款才正確，既不具體又缺乏目標值，是不負責任的說法。

以實質零借款為目標，
先搞清楚手邊該有多少錢

嘴上光說要實質零借款，但如果不知道公司內必須有多少現金與存款或借款，就會陷入「能借到的時候盡量借」的思維，結果借太多錢，支付沒意義的利息。因此重要的是設定具體目標值和戰略。我們古田土會計會建議客戶，先以實質零借款為首要目標，達成後再慢慢減少借款，改善財務體質，追求理想的零借款經營。

首要目標是權益比率30%，
現金與存款多於借款

首先第一個目標，就是權益比率至少要有30%。最好能再努力一點，達到33%以上。再加上把應付票據、應付帳款等信用債務的目標值設定為33%以下，借款等金融債務的目標值設定為33%以下，也就是在資產負債表右側各占三分之一的意思。而且現金與存款占總資產的比率也為33%以上。能做到這些數字，表示借款和現金與存款金額相同，可說是均衡的「實質零借款」公司（第82頁安定排名3的公司）。

許多中小企業都處於有現金與存款，但權益比率低（安定排名4），或現金與存款少、借款多的狀況（安定排名5）。此外就算權益比率高，但現金與存款很少，也是危險狀態（安定排名6和

7）。再者，破產可能性高的公司，權益比率也低，是借款遠超過現金與存款的結構（安定排名8）。因此要了解自家公司目前的資產負債表狀況，先以實質零借款（安定排名3）為目標。

理想狀態是權益比率和現金與存款超過60％

下一步則應考慮由實質零借款（安定排名3）的狀況，逐步減少借款，增加現金與存款。首先要以權益比率60％為目標。等到

用資產負債表來看理想的零借款與實質零借款

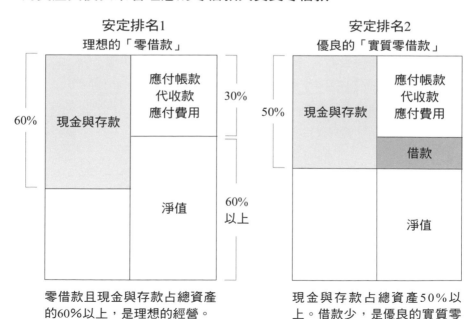

零借款且現金與存款占總資產的60％以上，是理想的經營。

現金與存款占總資產50％以上。借款少，是優良的實質零借款狀態。

安定排名3～8的資產負債表

安定排名3
均衡的「實質零借款」

33%	現金與存款	應付帳款 代收款 應付費用	33%
		借款	33%
		淨值	33%

現金與存款、借款、淨值（股東權益）各占總資產的3分之1，是均衡的實質零借款狀態。

安定排名4
現金與存款【多】／借款【多】

現金與存款	應付帳款 代收款 應付費用
	借款
	淨值

現金與存款多但借款也多，發生不必要的利息，犯下「能借到的時候盡量借」的錯誤。

安定排名5
現金與存款【少】／借款【多】

現金與存款	應付帳款 代收款 應付費用
	借款
	淨值

再增加現金與存款，同時減少借款，以「安定排名3」為目標吧。

安定排名6
現金與存款【非常少】／零借款

| 現金與存款 | 應付帳款
代收款
應付費用 |
| | 淨值 |

就算借款，也應該增加現金與存款。現金與存款的參考值為總資產的33%。

安定排名7
現金與存款【非常少】／借款【非常少】

現金與存款	應付帳款 代收款 應付費用
	借款
	淨值

就算增加借款，也應該增加現金與存款。
現金與存款參考值為總資產的33%。

安定排名8
現金與存款【非常少】／借款【多】

現金與存款	應付帳款 代收款 應付費用
	借款
	淨值

危險企業的狀態。

權益比率超過60％，就要以真正的零借款為目標，減少借款，增加現金與存款。

最終目標則是權益比率達到60％以上，再加上現金與存款占總資產比率也超過60％，而且借款為零。這是手邊的錢大幅超過票據等信用債務的理想零借款經營（如下頁圖）。這麼一來，就算一口氣全部還完應付帳款、應付費用等信用債務，手邊也還留有現金與存款。

所謂的改善財務體質，就是一邊減少借款、一邊增加現金與存款，維持手邊的錢大於借款的狀態，然後每年拉開這個差距。等差距到達目標值，就清償借款，逐步接近零借款。

幾乎所有中小企業都必須借錢，因此聰明的老闆會像這樣，

每年一點一滴的增加資金，清償多餘的借款，提高權益比率。其中確實也有一些超優良企業會花上二十年、三十年，最後達成零借款目標，且手邊還有10億、20億日圓的現金與存款。

現金與存款金額超過信用債務

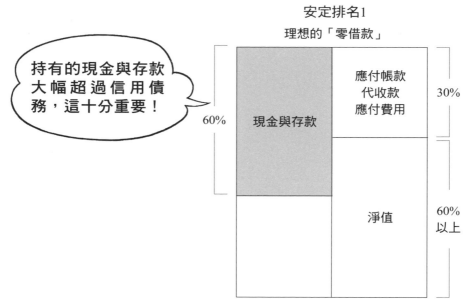

安定排名1
理想的「零借款」

持有的現金與存款大幅超過信用債務，這十分重要！

60%

現金與存款

應付帳款
代收款
應付費用　　30%

淨值　　60%
以上

零借款且現金與存款占總資產60％以上。如果手邊的錢能大幅超過信用債務，那公司就可說是堅若磐石了

雖說是零借款、實質零借款，其實也有各種等級、模式

排名	現金存款	借款	狀態	概要
1	非常多	0	零借款	現金與存款占總資產60%以上的超優良公司。完全零借款的狀態。
2	多	少	實質零借款	現金與存款占總資產50%以上的優良公司。實質零借款的狀態。
3	普通	普通	實質零借款	現金與存款、借款、股東權益各占總資產三分之一左右。均衡的實質零借款狀態。
4	多	多	借款太多	借款太多，發生無意義的利息支出。犯了「能借到的時候盡量借」的錯誤。
5	少	多	借款太多	相對於現金與存款，借款太多。應以增加現金與存款，減少借款，讓現金與存款≧借款為目標。
6	非常少	0	零借款	零借款但現金與存款太少，就算增加借款，也應該增加現金與存款。目標是總資產的33%。
7	非常少	非常少	實質零借款	借款和現金與存款都太少。應增加借款，增加現金與存款。目標是總資產的33%。
8	非常少	多	借款太多	危險企業。

14

拿公司的錢投資不動產？
先看資產負債表再決定

有些老闆因為銀行建議購買大樓等作為公司總部，就出手買下不動產，這對經營者來說，其實是最危險的誤解之一。就算是一帆風順的企業，有些公司的體質和行業型態，會因為巨額投資而動搖根基，最壞的狀況甚至可能破產，所以一定要小心謹慎。

中小企業的破產案例中，常有些例子是在銀行建議下購買不動產或總部大樓，結果資金周轉不靈而破產。有很多社長誤解銀行的建議，他們以為「銀行不會借款給沒有還款能力的公司，所以銀行建議我買不動產，是因為我們公司信用良好」。

想投資設備和不動產？先看資產負債表後再決定

身為經營者，絕對不能在未詳查公司財務和資金周轉狀況的情形下，輕信這些建議。投資不動產或大筆設備前，應拿出資產負債表，仔細分析公司目前的財務狀況，謹慎考量。例如投資不動產時，可以借到多少錢、需要多少自有資金、能否確保營運資金等，判斷所需的資訊都在資產負債表中，絕對不能只因為銀行

建議，就真的去買。

即使有獲利，這種公司購買不動產也很危險

以下是一個真實案例。

A公司在中國生產體育用品，然後進口到日本國內銷售。社長的夢想之一，就是等到稅前淨利達1億日圓時，就要和全體員工一起開啤酒狂歡慶祝。公司業績蒸蒸日上，稅前淨利突破1億日圓時，也真的喝啤酒狂歡了。隔年稅前淨利達1億6,000萬日圓，在當年的經營計畫發表會上，更提出2億日圓的目標。

就在這個時候，銀行建議社長購買總部大樓和倉庫。A公司

社長表示：「銀行來找我談，說：『貴公司賺這麼多錢，要不要買一棟大樓當總部？我們可以提供低利融資。』」所以這位社長便來找我諮詢。我聽了之後，建議社長拒絕銀行。

營運資金金額大的公司，資金周轉風險高

這是因為A公司銷售進口商品，是一家應付帳款很少，但應收帳款和存貨很多的公司。這種公司的營運資金金額很大，其實根本沒有還款餘力。

A公司不僅需要大量的營運資金，以現狀來說權益比率又很低，而且付款快但收款慢，根本就是「入不敷出」的行業型態，再加上閒置資金也很少，這些就是應該拒絕的理由。這種公司萬一購買不動產，就算還是持續獲利，但只要有一點風吹草動，還款立刻會出問題。

所謂的營運資金，指的就是銷貨債權（應收票據與帳款）加上存貨，再減去進貨債務（應付票據與帳款）後的金額。一般來說，企業銷售貨物的當下，只是增加應收帳款或應收票據，不能立刻拿到現金（請參照第90頁下圖）。由認列營業收入到收取現金為止的期間，就稱為「現金回收週期」。另一方面，進貨時也不是當下必須立刻付出現金。由進貨到實際付貨款為止的期間，就稱為「現金支付週期」。當現金回收週期比現金支付週期長時，就是前面案例中的入不敷出狀況。

我再把A公司的情況說明得更詳細一點。A公司銷售進口商

品，所以很快就必須付款，甚至還必須預付。也就是說，因為向海外採購，應付帳款很少，採購後不久就必須支付高額貨款，亦即「現金支付週期」很短。

另一方面，A公司商品在日本國內銷售，收到許多應收帳款和應收票據，很慢才能變現，亦即「現金回收週期」很長。再者，因為營業收入年年成長，應收帳款、應收票據、存貨也每年增加，在這種狀態下，當然需要大量營運資金。事實上，A公司幾乎把所有資金都用在營運資金上了。

銀行的建議不是為了你，是為了銀行自己

我接著又告訴社長：「請不要以為銀行來找社長談，是因為貴公司信用優良。銀行一定是有很多不良債權，想經由出售擔保品的不動產來回收債權。只要把這個不動產賣給社長，銀行經辦就

營運資金計算公式

營運資金 ＝ （應收票據＋應收帳款＋存貨）－（應付票據＋應付帳款）

銷售進口商品的A公司，因為必須儘早支付進貨費用，應付票據和應付帳款的金額通常很小。另一方面，銷貨債權變現很慢，所以需要大量的營運資金。

會因為順利回收不良債權而獲得表揚，然後又借款給貴公司這種優良企業，經辦又能增加放款實績。銀行不是為了公司好，才來找社長商量，而是為了銀行本身才來的。」

那一年因為日幣大貶，A公司的進貨成本飆升到1.5倍，差點達不到稅前淨利2億日圓的目標，所幸在社長和全體員工的努力下，總算沒有虧本。如果當時聽了銀行的建議購買不動產，現在說不定還苦於籌措還款資金吧。

該投資還是該借錢？也是看資產負債表

為了掌握公司的營運資金，中小企業社長必須詳讀、檢查資

即使損益表上有獲利，現金仍減少

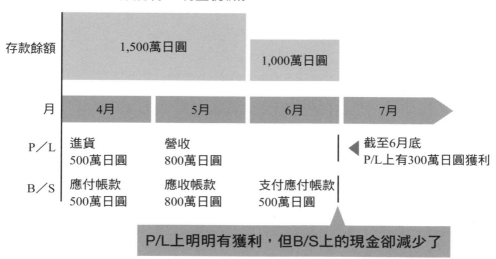

存款餘額	1,500萬日圓		1,000萬日圓	
月	4月	5月	6月	7月
P／L	進貨 500萬日圓	營收 800萬日圓		截至6月底 P/L上有300萬日圓獲利
B／S	應付帳款 500萬日圓	應收帳款 800萬日圓	支付應付帳款 500萬日圓	

P/L上明明有獲利，但B/S上的現金卻減少了

產負債表，同時充分了解入不敷出的狀況。而且也必須掌握還可以向銀行借到多少錢、還可以增加多少應收帳款。

營運資金大的公司，一般都經由短期借款因應。銀行也會根據營運資金金額，判斷融資額度。這種公司能否投資不動產或設備等？要投資的話又可以借到多少長期借款？這些判斷都必須靠社長詳讀資產負債表，精準掌握是否會影響營運資金、權益比率和現金與存款餘額、甚至是目前每月要償還的本利金額，然後再決定。

15

企業的營運資金不能靠短期借款來支應

　　許多中小企業經營者都會認為「靠短期借款支應營運資金」，其實這種想法可是大錯特錯。籌措營運資金應該用長期借款支應。為什麼大家會覺得要用短期借款支應？這是因為經營者和銀行對於營運資金的認知不同。

　　我們先來確認雙方所謂的營運資金，到底各是怎麼一回事。我們必須理解社長以為的營運資金，和銀行認為的營運資金之間有什麼差異。

社長認為的營運資金，和銀行以為的不一樣

　　一般來說，社長以為的營運資金，大致上就是「除了設備投資以外，所有要花的錢」。除了因為回收銷貨債權（回收應收票據和應收帳款等銷貨債權）期間，比支付進貨債務（應付票據和應付帳款等應付款項＝支付進貨債務）期間長，而出現資金缺口「入不敷出」時的因應對策資金外，有些社長認為的營運資金，

還包含夏季、冬季獎金和稅金、償還借款、支付一般費用。

　　另一方面，銀行認為的營運資金，則是「應收票據＋應收帳款＋存貨」減去「應付票據＋應付帳款」的差額（下圖）。大家可以想成銀行將此差額，當成是短期融資的額度。

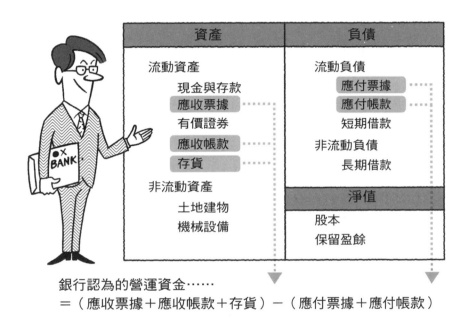

銀行認為的營運資金……
＝（應收票據＋應收帳款＋存貨）－（應付票據＋應付帳款）

銀行：營運資金是用來因應入不敷出和維持必要存貨

　　再仔細想想銀行的思維，可以解釋成：日常營業中因為入不敷出所需的資金，再加上為了持有存貨所必要的金額，就是銀行

會借給公司的營運資金借款。除此之外的各種費用都不能算是營運資金，只能說是「填補虧損的資金」，因此就算希望銀行以營運資金的名義放款，銀行也做不到。

因為雙方認知有差距，社長才希望多借一些短期借款，來當作營運資金。

除季節性變動資金外，都不應該用短期借款支應

如果是銀行所認為的營運資金，那麼用短期借款來支應，是否正確？

我們用以下的例子來想想看：某家企業以短期借款，籌措購買商品庫存（存貨）的資金。用短期借款籌措進貨資金時，商品有時可能不會全部賣光。就算全賣光，一般也不可能把獲利全部拿去還款。商品售出後又會再進貨，所以存貨不會減少，又會增加新的短期借款，而且作為還款來源的獲利也因為要繳稅，還款進度無法像社長原先預期的一樣，所以進貨資金應該用長期借款來支應。

入不敷出的支應資金也一樣，差距的金額因毛利率而異。假設毛利率為50％，如果銷貨債權有3億日圓，應付款項就是1.5億日圓。這樣的公司如果入不敷出，就會有1.5億日圓的資金缺口，必須向銀行借款支應。

如果營業收入倍增到6億日圓，缺口又再增加1.5億日圓，總共必須籌措3億日圓的資金才行，要用短期借款支應便更為困難。

因此，金額龐大的入不敷出支應資金，應該用長期借款籌措，然後分數十期用獲利還款。

有些社長誤以為短期借款可以「續借」，所以不用還本金，不用擔心資金周轉的問題，這種想法可是大錯特錯。

短期借款一般就是以一年還款為條件。如果銀行翻臉不認人，逼公司還款，公司也不能不還。必須還款時，就會壓迫資金周轉。為了避免公司破產，應該盡量用安全的方法籌資。現今除了季節性變動資金（按：指產品銷售量會因季節而有大幅變動的公司，為了因應淡季的進貨、製造等支出而預備的資金）外，已經沒有什麼資金可以用短期借款來支應了。

16

為什麼你帳上有錢，
銀行戶頭卻沒錢？

要改善公司財務體質，就要減少借款，壓縮無用資產，提高權益比率，同時增加現金與存款的金額，除此之外別無他法。具體來說，重要的是減少應收票據、應收帳款、土地等位於資產負債表左側的無用資產，籌措還款資金，然後據以還款。

這一節會再詳細說明借款的還款來源。

用稅後淨利＋折舊還款？當心手邊根本沒錢

會計等相關商業書籍上常會有「長期借款的還款來源是稅後淨利加上折舊」等內容。這種想法就是用本期損益的最終結果（也就是稅後淨利），再加上雖然被認列為費用，但實際上無現金流出的折舊費用，用這兩者的合計金額作為還款來源。但我要說，這種想法其實不正確。

資產負債表的科目——長期借款的還款來源是錢，也就是資產負債表科目中的現金與存款。另一方面，稅後淨利和折舊則是

損益表科目。我再重申一次，不能用損益表的科目償還資產負債表的科目。損益表不過是顯示損益，和實際的現金與存款流動並不一致。還款來源就是金錢，所以長期借款不可能用稅後淨利和折舊來償還。

就算稅後淨利和折舊費用很多，也可能只是流動資產中的應收帳款和存貨等，無法立刻變現的資產增加，或者被用來購買機械設備、車輛運具等非流動資產，手邊其實根本沒有可以用來還款的錢。

資產負債表科目的長期借款，只能用同樣是資產負債表科目的保留盈餘（本期淨利的累計金額），和累計折舊來沖銷才合理。

但一樣是資產負債表，用右側的科目來還款就不合理了。例

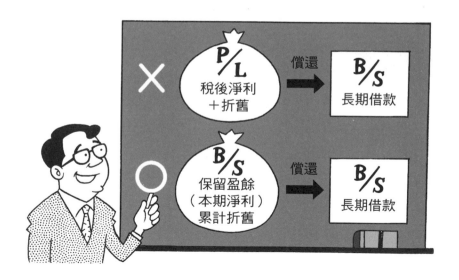

如為了償還長期借款而借入短期借款，表上的長期借款雖然減少了，但短期借款卻增加。短期借款增加，要立刻償還的借款就會越來越多，資金周轉只會越來越困難。

此外，用拖延支付應付帳款、原本應付的現金改開支票等做法籌措資金，把現金留在手邊用來還款，當然也是一種方法，不過公司的財務體質會變差。或者還有一種不應該的做法，也就是被逼到極限時，一個月不發員工薪水，增加應付費用，而把錢拿去還款。這就是標準的挖東牆、補西牆，通常是快要完蛋的公司常見的做法。

還有一種方法，是用同樣是資產負債表股東權益裡的本期淨利，作為還款來源，但如果想多還款，就必須要有更多獲利，也

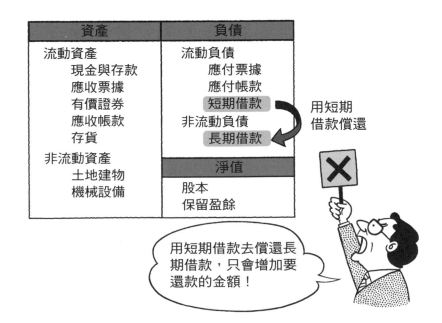

會因此增加應支付的稅金金額。

從結論來說，請優先減少資產負債表左側的應收帳款與票據、存貨、非流動資產、投資等，增加現金與存款，以此來償還長期借款。

這樣的話不會承擔稅金成本，可以壓縮總資產，改善財務體質。許多經營者分不清公司賺錢和手邊有錢的差別。這就是「帳上看來有錢、手邊實際沒錢」的原因。如果不能增加錢（現金流），就無法償還長期借款。

17

一年的還款金額，
要控制在自由現金流量以內

對經營者來說，如何借到錢是很現實的問題。零借款經營當然是理想狀態，但現實總是沒有那麼完美。幾乎所有中小企業都必須借款才能周轉，這也是實情。現在有多少借款、還能再借多少錢、必須還多少錢才行，對中小企業的社長來說，這是最重要的經營課題之一。

那麼，到底可以借多少錢？借款額度有沒有參考的標準？如果有一個方程式可以一目瞭然，想必大家都想知道。

營業收入越高，就能借得越多？這種話不能信

針對這個大多數老闆的共同煩惱，社會上有種說法是借款額度是六個月的月營收。但這種說法其實是錯的。

說到底，資產負債表科目的借款金額，不可能用損益表的月營收（每月營業收入）來判斷。損益表就是用來看某段期間內的營業收入和成本、獲利的表現。至於現在公司有多少錢、有多少

借款，都必須看資產負債表才知道。

　　以毛利金額相同，但毛利率不同的兩家公司（毛利率100％的A公司和10％的B公司）為例，就可以了解。B公司的營業收入是A公司的10倍。如果借款額度是六個月的月營收，那麼B公司可以借的金額就是A公司的10倍，但這是不可能的事。

　　借款額度應該會因公司所處的環境而不同。手邊有多少現金與存款？現在的借款餘額是多少？一年的還款金額是多少？甚至是應收帳款的收款條件和應付帳款的支付條件、存貨方針、不動產和設備是自有還是租賃、租賃狀況等，借款額度應該會因為上述各種因素而不同。不會只因為營業收入高，額度就會高。

要以自由現金流量為參考值

　　借款額度的參考值，就是經由營業活動和融資活動後，實際留在公司裡的現金，也就是「自由現金流量」。

　　在每年應該確實可以賺到的自由現金流量的範圍內，決定可還款的金額，再根據這個金額借款。例如，每年預估稅後淨利400萬日圓左右的公司，可預期的自由現金流量大約是300萬日圓至500萬日圓左右。也就是借款時，每年的還款金額要控制在300萬日圓左右。

　　我一直提倡以零借款經營為目標，而中期目標則是資產負債表右側的股東權益（淨值）、長短期借款等「金融負債」、應收帳款與票據等「信用負債」各占總資產三分之一，資產負債表左側

的現金與存款，占總資產三分之一以上。

　　在這個基礎上更進一步改善，如果能達成最終目標零借款經營，就是終極的超優良公司；就算僅達成中期目標，也算得上是優良公司。在達成目標前，要經常注意還款金額不要超出自由現金流量，並持續改善財務狀況。絕對不能為了借款而借款。

　　資金周轉困難的公司，還款金額大多遠超過自由現金流量。這樣的公司是為了償還債務而借款，所以全年還款金額越來越多。在這種狀態下，萬一銀行不肯新增借款，立刻就會陷入資金周轉困難，瀕臨破產。為了避免落入這樣的窘境，大家必須謹慎看待借款額度，掌握自由現金流量，好好思考全年還款金額是否符合自家公司的實力。

借款還不起可以協商，票據一跳票就完了

另外，使用票據交易的公司必須更小心。公司不會因為銀行借款而破產，但會因為支票跳票而破產。應付票據就如同向往來廠商借的借款，只要到期就必須立刻支付，沒有寬限期。如果以安全經營為目標，就應該努力把應付票據的金額降為零。

比起應付票據，選擇向銀行借款（最好是長期借款）還比較好。因為只要不開票，就可以減少因為跳票而破產的危險。向銀行借錢後萬一真的無力償還，也還可以申請債務協商，重新設定還款期限等還款條件。

那麼應收票據呢？這屬於應收債權（銷貨債權），只要不拿去貼現（變現）、放在手邊，萬一臨時需要資金時，還可以貼現籌資。短期借款要等到現金入帳，要花一點時間，而且還得經過銀行審查。然而只要客戶是讓人放心的公司，有臨時狀況時，還可用客戶開的票據去籌資。

所以社長必須充分了解自家公司的票據交易實況，再考慮借款戰略。

18

與其付房租不如自己買
不動產？大錯特錯

　　總是會有經營者因為公司有獲利，不仔細讀資產負債表就盲目購買不動產，結果導致經營出現問題。這種現象的背後其實隱藏著一個誤解，那就是：與其一直付房租，不如買下來，房貸還完後，手邊還有自己的不動產。這一節要探討的，就是為什麼會有這種誤解，以及應如何思考。

過多的貸款可能導致公司破產

　　舉例來說，A公司是年營收30億日圓的家電零售公司，社長人很好，員工也都很有禮貌。每年獲利雖然不到1億日圓，但也確實持續賺錢。有一天社長聽了我的講座後，來找我諮商，內容是「公司雖然獲利，資金周轉卻很吃緊」。

　　一般來說，零售商都是現金交易，很少會有資金周轉困難的現象。就算有庫存，只要應收帳款少，應付帳款和存貨取得平衡，周轉就不成問題。

我看了他們公司的資產負債表，發現除了總公司的土地建物外，社長還受地主朋友之託，買下朋友手中的停車場等。

社長誤以為：「因為公司有獲利，可以買的不動產就先買下來放著。購屋費用可以認列為費用，而且公司要用的停車場與其每月付租金，不如買下來比較好。等到貸款還完，這些最終都會變成公司的資產。」

其實，購買不動產可以認列的費用金額，並不像社長以為的那麼高。

例如，購買不動產可以認列的費用，就是建物的折舊費用，但折舊採定額法長期折舊，其實認列不了太多費用，而支出金額最高的土地購買費用，根本無法折舊。停車場可以認列的費用，頂多就是在土地上鋪修的費用，認列成折舊費用也極為有限。取得土地則只有非流動資產稅和借款利息可以認列為費用。至於支出金額最高的借款還本，當然不算是費用。

許多經營者都誤以為買下租賃物件，只要還款金額和租金一樣，周轉自然不成問題，等到借款還完了，就會變成自家公司的資產。

Ａ公司社長也不例外，也抱持一樣的誤解。

看看購買不動產前Ａ公司的損益表上，有近1億日圓的稅前淨利，買下不動產後因為不用付房租和土地租金，損益表上獲利更多了，看起來好像沒什麼問題。所以問題到底出在哪裡？

可認列為費用	
建物的折舊費用	長期折舊，每期金額很少
停車場建造費的折舊費用	鋪修費及其他，原本就很少
購買不動產的借款利息	是費用
非流動資產稅	是費用

不可認列為費用	
土地購買成本	無法折舊，不是費用
購買所花用借款的還本金額	不是費用

> 金額出乎意料的少，即使購買不動產，也只是流出現金而已。

損益表上有獲利，但負債也增加了……

其實損益表上的獲利，可說只是表面上的獲利，公司反而因為購買不動產流出大量現金。如果不看資產負債表，就不會發現這一點。

假設公司以6億日圓，購買原本一年應支付土地租金及房租共4,000萬日圓的不動產。

因為不用再付房租和土地租金，費用減少4,000萬日圓，這會反映在損益表上。不動產投資一般以長期借款支應，所以負債增加長期借款6億日圓。非流動資產不動產和長期借款的增加，則會

記載在資產負債表上，不會反映在損益表上。當然還款本金也是資產負債表科目的金額減少，不會反映在損益表。

如果只看損益表，因為少了4,000萬日圓的土地租金和房租，增加了折舊費用、非流動資產稅、利息支出等共2,000萬日圓的費用，兩者相抵後減少2,000萬日圓。這也就表示稅前淨利會增加，變成1億2,000萬日圓。如果以35%的稅率計算，稅金成本會比稅前淨利1億日圓時，多出700萬日圓左右。如果只看損益表，加減後稅後淨利增加1,300萬日圓，看起來好像比購買不動產前更好了。

可是相較於購買不動產前，加總借款還本金額、利息和稅金等，每年反而多流出1,000萬日圓左右的現金。換句話說，損益表的表面獲利雖然增加，但資金周轉卻更緊了。

就這樣，A公司漸漸無法照約定還款，於是只好為了還款而借錢，每月應償還的金額像雪球般越滾越大，銀行融資時也越來越謹慎，最終變成典型的惡性循環，有盈餘卻破產。

只跟一家銀行往來，就是讓銀行吃定你

A公司原本向多家銀行借款，有一天某銀行表示願意代為整合債務，因為和多家銀行交涉很麻煩，最後A公司有八成借款都集中在那家銀行。之後因為同業競爭激烈，A公司淨利大幅減少，結果銀行就年年提高借款利率，最終漲到3.8％左右。A公司因為借款全都集中在一家銀行，也無力反抗。之後A公司無法取得銀行新增借款，終於陷入實質破產狀態。

Ａ公司社長因為不懂財務，犯了兩個大錯。

第一個錯就是不動產投資失敗。中小企業因此致命的案例實在很多，許多公司因此而破產。

特別是零售商，更不應該輕易購買土地建物。我一直對零售業客戶說不能買土地建物，特別是絕對不可以買停車場。一旦出手買了，許多案例都因為無法退場，現金不斷流出而慢慢陷入虧損。等到發現時，沒辦法只能賤價出售。如果採用租賃方式，隨時可以搬遷到條件更好的地點。

此外，停車場租金大約是非流動資產稅的2倍到3倍，而且還可以認列為經費，但購買停車場立刻要支付的還款本金和利息，卻高達租金的數十倍。大量流出的現金，導致公司資金周轉不靈而破產。

第二個錯則是幾乎只跟一家銀行往來。主力銀行因為知道Ａ公司無法向其他銀行借款，就用風險高為理由調高利率。在日本，一般利率再怎麼差，也不過2％左右，Ａ公司竟然要付3.8％。如果借款是6億日圓，就表示每年要多付6億日圓 × 1.8％，也就是1,080萬日圓的利息，這就好像公司在替銀行打工一樣。所以中小企業也必須建立讓銀行同業互相競爭的機制。

銀行決定放款與否，看的不只是報表

很多人以為銀行是否願意放款，唯一決定的基準就是財務報表，也就是公司的業績。其實銀行除了財報以外，還會考慮許多因素。例如銀行經辦的業績達標狀況、分行業績達標狀況等，都會影響決策。

銀行有全行的收益計畫，再細分成為各分行的業績目標，然後再把目標細分到每一位行員身上，就變成行員個人的業績目標，這是一般的做法。

中小企業的經營由社長從上而下決定，同理可證，銀行也是自上而下，嘴上說第一線很重要，組織文化其實還是總行絕對優先。其中甚至有人形容銀行組織是「達標就是正義」，可見得達標對銀行組織來說有多重要。

銀行員的業績不能只是達標，還得「剛剛好」

但是，業績目標也不是達成就好，銀行員的業績目標經常必

須達成得「恰到好處」。換句話說，當然必須達成高層指派的業績目標，但也不能超出太多。這是因為銀行通常會根據本期實績，來擬定下一期的業績目標。

如果業績超標太多，就會大幅拉高下一期的業績目標，這麼一來等於是跟自己過不去。不少行員的想法是，現狀要確保放款量就已經很難了，如果還來一個比現在更高的融資目標，那真是攸關生死的大問題。

在日本，銀行員的業績目標通常每半年調整一次，分別是4月至9月、10月至3月。尋求恰到好處的銀行員，只要覺得自己的業績目標和分行業績目標應該可以達標，就會想把之後的融資案當成是自己下一期的業績。

3月和9月時，因為銀行也有達標的壓力，據說融資審查會比其他月分寬鬆，但這種說法的前提是，銀行經辦和分行覺得需要更多實績才能達標。如果已經達標了，當然不需要更多業績。

對於認為3月和9月應該可以取得融資而安心的經營者來說，融資要是被延後，可是個大問題。即使希望3月、9月審查，最好也要在2月初或8月初就提出融資申請。

是否批准融資，也和分行經理的性格有關

分行經理的性格也會大幅左右融資。

分行中，分行經理有權決定是否融資給企業。雖然有些金額條件必須經由總行審查，但對於分行經理的決定，總行通常也不

會否決。而總行的審查人員，常常都是分行經理以前的同事或前輩、晚輩。

所以是否能取得融資，最主要的關鍵還是在分行經理。但分行經理的性格會因為過去的經歷等而不同，大致可分成業務背景和融資審查背景。

有業務背景的分行經理，很多都是因為業績獲得好評。等到當了分行經理之後，通常也會積極增加融資數字，總行當然也有這種期待。

另一方面，具有融資審查背景的分行經理，常因眼光銳利、減少發生不良債權、徹底讓部下遵守規定而獲得好評，當上分行經理後，應該也不會改變態度。這種分行經理最不希望自己批准的融資案件變成不良債權，因此判斷是否融資時總是猶豫再三。

而且銀行的人事，常常會讓這兩種背景的人輪流擔任分行經理。這是因為業務背景的分行經理積極衝融資業績，過程中的審查會比有融資審查背景的分行經理寬鬆，發生不良債權的風險有較高的趨勢。所以在業務背景的分行經理之後，常安排融資審查背景的分行經理就任，避免融資業績衝過頭。

為了避免過與不及以取得均衡，結果就是不會讓同一種背景的人一直擔任同一間分行的經理，而常常會讓兩種背景的人輪流擔任。

分行經理的性格也會改變分行的銀行業務員性格。原本超有衝勁、積極融資的經辦，換了一個分行經理後變得消極，這也是常見的狀況。

分行一旦發現行員不法，常會更換分行經理，換成更保守的人。過去如果某位分行經理，因為建設公司的融資產生大筆呆帳，現在可能就不碰建設公司。明明合作的是銀行組織，最終決定是否融資的卻是人，這也是和銀行往來的難處。

和多家銀行往來，減少融資風險

因此為了規避風險，只能和多家銀行往來。

如果和多家銀行往來，就算其中一家變得比較保守，只要和其他積極的銀行申貸即可。過去十分為公司著想的經辦，在換了一個分行經理後，有可能就再也不來公司拜訪了；也有可能過去完全對公司沒有興趣的經辦，突然變得很體貼。

所以重點在於，不需要因為銀行經辦的態度變化而時憂時喜，就當成銀行本就是這種組織就好。也不必因為不喜歡分行經理、經辦，就和銀行斷絕往來，只要忍耐到人事更迭就可以了。

第三章

經營者必須知道的「資金別資產負債表」

19

只要營業收入和獲利增加，公司就有現金？

簡單的想，營業收入和獲利增加，公司就應該有錢。事實上，總是會有社長因為這種想法而埋頭衝業績，結果落入陷阱。

資金周轉困難就努力衝業績，結果周轉變得更困難而破產。我也只能對因此而失敗的社長們說，你們真的太不懂什麼是資金了。

賺來的獲利都花到哪裡去了？

一般來說，公司做生意就是買進商品、放在存貨裡，然後銷售商品、回收資金，不斷反覆這一連串過程。如果是製造業，還要加上採購原材料與製造。幾乎所有公司都賒帳交易，不論是貿易業還是製造業，大多數公司都是先支付採購費用，後收回應收帳款等。先付後收就會出現入不敷出，這樣的公司如果只是單純擴大營業收入，在應收帳款回收前出現資金缺口，自是必然。

如果靠目前的營業收入能有獲利，就算不增加營收，獲利也

應該變成現金留在手邊。但是如果想增加營業收入，應收帳款與票據、存貨也會隨之增加，手邊的現金因而減少。反之，如果在獲利的狀態下巧妙的減少營業收入，可以連帶減少應收帳款與票據、存貨，手邊的現金反而會增加。

坊間常見到書籍用「傳授不增加營業收入，現金還能增加好幾倍的手法」作為宣傳標語，這其實說的是廢話。如果原本手邊現金少，資金當然可以增加好幾倍。

經營一家公司，沒有比順利增加營業收入和獲利更好的事。每年都有獲利，把賺來的錢留在公司內部，提高權益比率，這可說是中小企業經營的王道。可是損益表上明明有獲利，卻不知為何資金周轉還是陷入困境，甚至破產。其實這就是所謂的「有盈餘卻破產」。

這種公司就是經營者沒有注意到手邊現金、存款和借款的均衡，以及入不敷出的狀況、票據流通狀況等。

即使中小企業很賺錢，也有些公司手邊幾乎沒有現金。就算損益表上明明有稅後淨利，但如果應收帳款增加或用來償還借款，手邊就不會有現金。

社長必須精準理解錢從哪裡來，賺來的獲利又花到哪裡去。此時就要用到財務三表之一的現金流量表（C/F）。但現金流量表只能顯示一段期間內的資金流向，無法知道累計獲利的去處。

「資金別資產負債表」（簡稱資金別B/S）可以讓經營者一目瞭然的明白累計利益的去處。這是一張特別的分析表（請參照第118頁～121頁參考圖表），說得詳細一點，資金別資產負債表會

顯示長年累積的獲利，也就是資產負債表的淨值中保留盈餘的去
處。這是一張給熟悉會計的進階讀者用的表，但經營者如果能了
解分析的流程，便可以更了解關於資金的知識，因此這裡要向各
位介紹這張表。只要理解資產負債表，也可以如此應用。

用資金別資產負債表，更能看出錢花在哪裡

資金別資產負債表是稅務士佐藤幸利的設計，是重新排列
資產負債表和損益表（重組）而成的報表，它把資金分成損益資
金、固定資金、銷貨進貨資金、流動資金四種，可顯示過去獲利
累計而成的損益資金的去處。編製兩年份的報表來比較，根據四

種資金的前期與本期科目餘額增減，可以分析資金的流向。

「損益資金」，指的就是事業獲利的累計金額，公司的目的就是賺取這類資金。計算方式就是損益表的本期淨利，加上資產負債表的前期累積盈虧和法定盈餘公積等，再減去預付費用或退票等，即可算出累計獲利。

「固定資金」，指的是土地建物、機械設備等是透過什麼樣的長期資金支應（購買）。例如手邊現金與存款少，就幾乎全靠長期借款支應。如果因為損益表上看起來有賺錢，便在銀行鼓吹之下購入大樓作為總部或投資設備，從這裡就知道是件極危險的事。

「銷貨進貨資金」，看的是收回銷售貨款與支付進貨款項的差額，也就是可看出「是否入不敷出」。例如應收帳款如果可以比應付帳款更早變現（收回），現金循環週期短，就不會產生資金缺口，反之就會入不敷出。損益資金、固定資金、銷貨進貨資金三者的合計，就是「安定資金」。

除此以外的資金就是「流動資金」，扮演讓資金均衡的角色，主要是短期借款和貼現票據。

安定資金越多，短期借款和貼現票據越少，手邊現金與存款多，經營就穩定。反之如果安定資金很少、甚至為負數，也就是短期借款超出現金與存款金額，那就很危險了。如果安定資金為負數的狀況逐年惡化，那麼破產不過是遲早的問題。在公司走到這一步之前，經營者必須提出對策。

從資金別資產負債表可以看出各種資金的增減和流向，正確判斷公司的財務狀態。

比較本期和上期的「資金別資產負債表」，為公司做健康檢查（之1）

資金別資產負債表	（財務體質的健康檢查報告）

第 20 期

2018 年 9 月 30 日　　　　　　　　　　　　　　　　（單位：百萬日圓）

現金與存款	資金運用		資金籌措	
	損益資金			
	銷貨成本	1,331.4	營業收入	2,219.1
	管銷費用	831.4	營業外收支	16.8
	營業外費損	34.3	特別利益	1.8
	特別損失	3.8	（本期稅前淨利）	36.8
	所得稅等	14.8		
			本期淨利	22.0
	預付費用	34.8	前期累積盈虧	-22.0
	長期預付費用	0.0	法定盈餘公積	4.7
	退票	40.0	其他公積	873.9
			預收收益	0.0
			準備金	9.9
813.7	小計	74.8	小計	888.5
	固定資金			
	存貨	412.8	長期借款	482.8
	建物、建築物	337.7	幹部借款	1.6
	機械設備等	61.9	公司債、可轉債	0.0
	土地	258.1	長期應付款	0.0
	無形非流動資產	5.1	其他固定資金	17.6
	投資等	159.4	長期負債小計	502.0
	遞延資產	1.7	股本	99.0
	累計折舊	0.0	資本公積等	39.0
-596.7	小計	1,236.7	小計	640.0
	銷貨進貨資金			
	應收票據	214.6	應付票據	166.1
	應收帳款	489.1	應付帳款	211.1
	預收款項	0.0	預付款	-0.0

株式會社　日本明亮工業

2019年9月30日　　**第 21 期**　　（單位：百萬日圓）

現金與存款	資金運用		資金籌措	
	損益資金			
	銷貨成本	1,238.1	營業收入	2,130.1
	管銷費用	816.3	營業外收支	18.6
	營業外費損	25.9	特別利益	0.6
	特別損失	1.3	（本期稅前淨利）	67.7
	所得稅等	27.1		
			本期淨利	40.6
	預付費用	25.2	前期累積盈虧	23.9
	長期預付費用	0.0	法定盈餘公積	4.7
	退票	40.0	其他公積	850.0
			預收收益	0.0
			準備金	3.9
增減 **44.2** ◄ 857.9 ◄	小計	65.2	小計	923.1
	固定資金			
	存貨	411.9	長期借款	331.6
	建物、建築物	305.7	幹部借款	2.2
	機械設備等	59.2	公司債、可轉債	0.0
	土地	258.1	長期應付款	0.0
	無形非流動資產	4.5	其他固定資金	17.7
	投資等	116.2	長期負債小計	351.5
	遞延資產	1.6	股本	99.0
	累計折舊	0.0	資本公積等	39.0
-71 ◄ -667.7 ◄	小計	1,157.2	小計	489.5
	銷貨進貨資金			
	應收票據	200.9	應付票據	167.5
	應收帳款	481.9	應付帳款	170.4
	預收款項	0.0	預付款	-0.0

續接第 120、121 頁

比較本期和上期的「資金別資產負債表」，為公司做健康檢查（之2）

資金別資產負債表	（財務體質的健康檢查報告）

2018 年 9 月 30 日　　**第 20 期**　　（單位：百萬日圓）

銷貨進貨資金			
應收票據	214.6	應付票據	166.1
應收帳款	489.1	應付帳款	211.1
預收款項	0.0	預付款	-0.0
在建工程	0.0	背書票據	21.0
小計	703.7	小計	398.2

-305.5

-88.5	安定資金 合計

流動資金			
應收款項	6.3	短期借款	274.3
有價證券	15.1	貼現票據	132.1
暫付款	1.0	短期籌措資金小計	406.4
代墊款	0.0	應付款項	16.3
短期借出款	28.0	代收款	2.0
其他流動資產	0.0	應付費用	9.8
暫付稅金等	0.0	應付稅捐等	14.8
暫付營業稅	0.0	暫收(應付)營業稅	15.3
		暫收款	1.7
		其他流動負債	0.0
		超短期籌措資金小計	59.9
小計	50.4	小計	466.3

415.9

327.4	現金與存款合計	327.4	現金及流動性現金
		0.0	固定性存款

接續第 118、119 頁　　　　　　　　株式會社　日本明亮工業

2019年9月30日　　　**第 21 期**　　　（單位：百萬日圓）

銷貨進貨資金			
應收票據	200.9	應付票據	167.5
應收帳款	481.9	應付帳款	170.4
預收款項	0.0	預付款	-0.0
在建工程	0.0	背書票據	0.0
小計	682.8	小計	337.9

-39.4　　-344.9

-66.2　　-154.7　安定資金　合計

流動資金			
應收款項	4.1	短期借款	348.0
有價證券	16.1	貼現票據	172.3
暫付款	4.1	短期籌措資金小計	520.3
代墊款	0.0	應付款項	11.9
短期借出款	30.8	代收款	1.7
其他流動資產	0.0	應付費用	19.8
暫付稅金等	0.0	應付法人稅等	27.1
暫付消費稅	0.0	暫收（應付）消費稅	13.0
		暫收款	1.6
		其他流動負債	0.0
		超短期籌措資金小計	75.1
小計	55.1	小計	595.4

124.4　　540.3

58.2　　385.6　現金與存款合計　385.6 現金及流動性現金　/ 0.0 固定性存款

20

想知道你賺的錢花到哪裡去了？
看這裡

上一節提到，為了了解賺來的錢用到哪裡去、公司還剩多少資金，重要的是用資金別資產負債表了解資金流向。因為一般的資產負債表看不出這些資金狀態。

例如，銀行要了解一家公司是否健全時，很重視「流動比率」指標。這項比率就是資產負債表中，流動資產占流動負債的比率，銀行認為流動比率越高，公司越健全。

流動比率高，當心手邊沒有現金

可是流動資產中如果現金與存款很少，大多都是應收票據和帳款，又會是什麼情形？如果現金變成存貨，資金別資產負債表中的「銷貨進貨資金」出現大幅缺口，公司就不會有資金。就算流動比率很高，只要沒有資金，公司經營就會變調。

我們用Ｘ公司的資金別資產負債表的數字當例子，一起來思考這個問題（請參照下頁圖表），它的流動比率高達300％，照理

說應該很安全。

　　X公司的損益資金看來有3億2,000萬日圓，這表示本業經營得很順利（損益表很健全）。每個人都覺得有獲利和累積盈餘，那就應該有充裕的現金與存款才對，但其實這家公司的現金與存款不多，而是有很多應收票據與帳款，再加上存貨也很多。這些都是流動資產，所以流動比率很高，其實現金與存款也不過1億日圓而已。

　　依序由上往下看。首先獲利的累計金額損益資金為3億2,000萬日圓。可是銷貨進貨資金有資金缺口，所以這裡就少了1億6,000萬日圓。另外還有2億2,000萬日圓，從現金與存款變成了

增加現金與存款，減少借款吧！

X公司的例子……

損益資金	3億2,000萬日圓
銷貨進貨資金	-1億6,000萬日圓
存貨	-2億2,000萬日圓
實質損益資金	-6,000萬日圓
股本	+3,000萬日圓
非流動資產	-3億7,000萬日圓
長期借款	+3億5,000萬日圓
安定資金	-5,000萬日圓
短期借款	+1億5,000萬日圓
現金與存款合計	1億日圓

存貨。

結果到目前的合計，實質損益資金就已經出現6,000萬日圓的缺口。賺來的錢不但消失了，現金與存款也不足。

再加減股本和非流動資產後，資金缺口高達4億日圓。用長期借款籌措3億5,000萬日圓的結果，安定資金好不容易只留下5,000萬日圓的缺口。X公司再用短期借款1億5,000萬日圓支應，最終手邊留下1億日圓的現金與存款。

這已經是短期借款1億5,000萬日圓，超出手邊現金與存款1億日圓的狀態。假設在這種狀態下，銀行突然以「到期了」為理由要求還款，這家公司就會因為資金不足而破產。不論過去賺了多少錢，只要手邊沒有錢，就有可能發生這種事。

大家應該可以從這個例子知道，增加現金與存款、減少借款有多重要了。

手邊有現金與存款，也不等於資金充裕

前面介紹了「資金別資產負債表」。要掌握公司賺來的錢到底流到哪裡去了，用的工具就是這個報表。

由剛剛的例子可知，即使銀行視為經營指標的流動比率很高，公司如果沒有資金，經營就會變調。

「資金力評等表」可說是證明這個現象的證據（下頁圖表）。資金力評等表是由資金別資產負債表編製而成，簡單來說就是重新統計資產和籌資方法，以了解公司真正的資金能力。這張表和

資金別資產負債表一樣，都是稅務士佐藤幸利的設計。

報表左側的資金運用內容就是公司花掉的錢。固定資金運用額指的就是土地建物、存貨等。銷貨進貨資金運用額指的則是應收帳款和票據等。流動資金運用額則是應收費用等。

右側項目則表示必要的資金如何籌措而來（籌資方法）。損益資金指的是公司獲利的累計金額。固定資金籌措額指的是用長期借款等籌資。短期籌措資金額指的是用短期借款和票據貼現籌資。超短期籌措資金額指的是應付費用等。

如下方圖表所示，某家公司有7,100萬日圓的現金與存款，但這些錢是怎麼來的？該公司手邊的確有現金與存款7,100萬日

（單位：百萬日圓）

資金運用內容	金額
固定資金運用額	170
銷貨進貨資金運用額	129
流動資金運用額	1
合計	300

資金籌措方法	金額
損益資金	146
股本、資本公積	20
營收進貨資金籌措額	42
固定資金籌措額	83
短期籌措資金額	80
超短期籌措資金額	0
合計	371

現金與存款	71

圓，可是如果不清楚這些錢的來源，就無法了解該公司真正的資金力。我們先一一檢視。

花掉的錢（左側的資金運用內容）合計3億日圓。

累計獲利的損益資金為1億4,600萬日圓，所以有1億5,400萬日圓的缺口。再加上股本2,000萬日圓，也還缺少1億3,400萬日圓。

進貨資金中加入應付帳款4,200萬日圓，缺口縮小為9,200萬日圓，但現金與存款仍為負數。加入應付帳款還不夠，表示不借款就沒有錢。因此借入8,300萬日圓的長期借款。即使如此，還是有900萬日圓的缺口尚未解決，結果只能用8,000萬日圓的短期借款支應。

要為這家企業評等的話，這是一家「危險企業」。

如果短期借款高於現金與存款，只要銀行突然要求立刻還款，資金立刻就會短缺。然而，如果用一般的財務指標分析財務狀況，這家公司會變成權益比率45%的優良公司。

銀行雖然鼓吹該公司社長蓋總部大樓和買土地，並願意融資，其實如果用資金能力為指標，就知道這家公司處於危險狀態，絕對不能買土地建物。用資金力評等表看清真正的資金能力，可預防公司去投資絕對不該出手的資產。

第四章

差一點就差很多，付款、還款、繳稅的眉角

21

銀行不只能借你錢，
還能借你時間

對中小企業社長來說，最頭痛的問題就是資金周轉。應該沒有幾個老闆敢拍胸脯說：「我們公司的財務體質安全啦，不用擔心資金周轉問題。」

有很多總是苦於資金周轉的公司，搞錯了付款順序，結果資金缺口更大，最糟的狀況甚至會因此破產。我經常說「錢是有顏色的」，這句話是指當面臨經營危機等緊急狀況時，支付是有先後順序的。

資金不足時，應該先付哪些錢？

假設，現在你手邊只有1,000萬日圓的資金，但必須要支付1,500萬日圓時，你會怎麼做？缺口有500萬日圓，你會去向親朋好友、甚至地下錢莊借錢來還銀行嗎？

陷入絕境時，先和銀行談談「債務協商」

許多公司即使資金周轉困難，也會選擇優先償還銀行借款，但這種做法並不妥當。

當資金周轉失靈時，如果銀行不抽銀根還好，萬一銀行抽銀根了，中小企業社長其實只有一件該做的事，那就是停止還本或減少還本，延長還款期限，也就是跟銀行「債務協商」。

跟銀行交涉不是為了借錢，而是要借「時間」。當然大家要記住，債務協商一定要選在還有可能起死回生的時候。透過債務協商爭取來的時間裡，要設法出售公司非流動資產、處分存貨、收回應收帳款籌資。另外再透過改革經費結構，如大幅刪減董監酬勞和人事費等，也可能讓公司體質轉變成容易由虧轉盈。

進行債務協商
延長還款期限

優先償還
銀行借款

　　債務協商後，即使不能再增加借款，也可以暫停償還本金或減少每個月的還款金額，再透過減降經費的對策，減少流出去的錢。這樣一來，就算獲利有限，也可以累積支付的本金。

　　就算損益表上是虧損，但只要虧損金額小於折舊費用，還是可以累積資金。下圖就是一例。折舊費用金額遠高於虧損金額，如果資產負債表上沒有太大的問題，手邊應該還有充裕的資金。因為折舊費用並沒有實際金錢流出，而是把設備等資產價值的減少認列為費用而已。

　　採取這些對策後累積下來的資金，即便只是從中拿出部分支應利息，就算是銀行眼中正常往來的客戶，得以讓公司繼續經營下去。

折舊費用並沒有實際金錢流出

營業毛利

固定費用
要支付金錢的固定費用
（一般費用）

不用支付金錢的
固定費用
（折舊費用）

損益表看來是虧損

就算損益表看來是虧損，但因折舊費用是沒有實際金錢流出的固定費用，這筆資金還在公司裡。

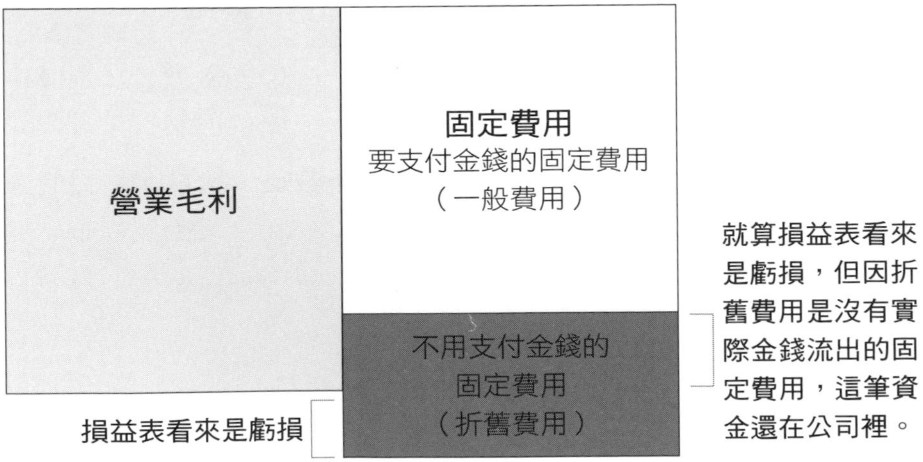

先別覺得「萬事休矣」，還是有些事可以做

那麼，如果真的到了資金周轉失靈，覺得「一切都完了」的緊急狀況，支付的優先順序如下圖所示。

(1)票據、(2)員工薪資、(3)材料費、(4)維持公司所需之各種經費、(5)銀行利息、(6)稅金、社會保險費、(7)銀行借款本金，這其實就是對方不能等待的順序，也就是債務協商後應該交涉的順序。以下將依序說明。

(1)票據

票據如未按時支付，就會跳票，直接導致公司破產。而且支付金額連一毛錢都不能少。萬一資金周轉困難、已經預知會有缺口產生時，就要拜託往來廠商將到期日往後延（也就是俗稱的換票）、或是改為長期分期付款等。

(2)員工薪資

遲付薪資絕對會喪失員工的信賴。即使如此，真到萬不得已的時候，經營者還是必須痛下決心，在不裁員、請員工共體時艱的前提下，拜託員工稍後再領10%至30%的薪資。當然，這時社長不能支薪。如果社長不能身先士卒，員工就無法服氣。這是苦肉計，只能用一次。有資金時必須立刻支付，如果常常這麼做，公司就沒救了。要是公司經營造成員工困擾，便是無意義的經營，只能把公司收起來。

(3) 材料費

可試著和往來廠商交涉，希望對方能延後收取50％的材料費，或是延後一個月的貨款收款期限。但如果往來廠商的規模很小，這樣做可能會害對方破產，所以處分存貨和回收應收帳款後，應立刻支付。

(4) 維持公司所需之各種費用

水電瓦斯等費用遲付一至三個月，應該還不至於出事吧。

(5) 銀行利息

如果連利息都遲繳，評等分類就會大幅下滑，所以至少應該支付部分利息。

(6) 稅金、社會保險費

日本企業的法人稅、地方稅、消費稅、源泉稅等滯納金額未滿1,000萬日圓時，或許還可能和稅務署協商。超過1,000萬日圓就屬日本國稅廳管轄。不過政府可以祭出強制扣押等公權力，所以也應考慮分期付款。（按：臺灣的納稅義務人因客觀事實發生財務困難，不能於繳納期間內一次繳清營利事業所得稅，可申請加計利息分期繳納。申請條件包括營利事業所得稅應納稅款繳納期間屆滿之日前1年內，機關團體連續4個月收入〔含銷售貨物或勞務之收入、銷售貨物或勞務以外之收入及附屬作業組織所得〕較前一年度同期減少30％以上。詳細條件可上財政部臺北國稅局網

站查詢。）

(7) 銀行借款本金

　　透過債務協商，很有可能可以「暫時不還本」。公司其實應該趁早擬定重整計畫，和銀行開誠布公的協商，避免破產。切記千萬別借高利貸。如果真的到了不得不借高利貸的情況，這時可說已經太遲了。

　　這樣看來，資金周轉困難時，社長該做的第一件事，就是找銀行債務協商。先協商獲得銀行支持，說得難聽一點就是爭取時間。然後再根據1至6的順序決定支付優先順序，找對方交涉，執行確保資金支付等對策，想辦法讓公司存活下去。

　　如果銀行決定不增貸，公司正確的經營判斷就是「不還本」。銀行借款可以透過債務協商延後，但票款可不能等。

緊急狀況下照這個順序付款！

1.票據
2.員工薪資
3.材料費
4.維持公司所需之各種費用
5.銀行利息
6.稅金、社會保險費
7.銀行借款本金

22

用現金支付貨款，可爭取折扣

　　本節要談談為什麼公司如果沒有應付票據，就能減少破產風險，最後反而賺錢的道理。

　　許多中小企業經營者都認為，應付票據是必要的支付手段，不能跳過。其中甚至有人很積極的使用票據，認為這是不用付利息的籌資方法，但這可是很危險的誤解。票據原本就已包含利息，所以「不用付利息」也是天大的誤會。

欠債還能協商，但跳票以後信用就沒了

　　公司不一定會因為銀行借款而破產，但是會因為票據跳票而破產。

　　說得精準一點，只要有一次跳票紀錄，所有的銀行都會知道，導致公司信用掃地。再者，如果六個月以內兩度跳票，在日本就會被列為「拒絕往來戶」（按：在臺灣，則為一年內因同一情形跳票合計達到3張，就會被列為拒絕往來戶）。這麼一來，就無法和金融機構有支存交易，不能從銀行取得融資，被迫陷入實質

破產的窘境。因此，要安全穩健的經營公司，就必須盡可能減少應付票據。應付票據最終應該為零。

說得極端一點，公司不論有多少借款、虧多少錢，都不太會因此倒閉。會讓中小企業倒閉的最大風險，就來自於跳票。想要不跳票很簡單，方法就是不要開票。

中小企業的理想目標就是零借款經營，但在此之前，應該先消除應付票據。一直到某個階段，為了減少應付票據而借款，反而是社長應採取的正確財務戰略。這裡打的如意算盤，就是消滅應付票據、支付現金，以增加公司利益。

付現的好處──談折扣

主要的原因在於，如果支付現金，就可以和往來廠商談折扣。許多第二代、第三代的經營者蕭規曹隨，理所當然的開票支付貨款，卻不知道這一點。

那麼可以打幾折？票據中包含了「利息」和「承擔風險的費用」，這部分可能可以扣除。

假設付款條件是三個月的期票，我們來算一下用現金支付時的情形。站在往來廠商的立場來看，如果可以拿到現金，就不用負擔利息，這部分就有折扣的空間。例如月息0.3％的話，三個月就相當0.9％，也就是有可能扣除這部分的金額。

再加上付現沒有跳票的風險，不用支付0.5％至1％的承擔風險費用，另外往來廠商的票據額度也可以空出來，這個優點可以再加計0.5％到1％，合計可以說就有1.5％到2.5％左右的折扣空間。

假設營業收入是15億日圓，一年進貨金額12億日圓的公司，每月開出1億日圓、三個月後付款的期票，現在全改成付現。如果改成付現時爭取到1.5％的折扣，一年就可以減少12億日圓 × 1.5％ ＝ 1,800萬日圓的成本。

為了消除應付票據，寧願借錢

另一方面，該公司用年利率1.5％的短期借款，支應3億日圓

的應付票據餘額，所以新增3億日圓 × 1.5% = 450萬日圓的利息支出。前述的折扣效果1,800萬日圓，減去增加的利息支出450萬日圓，還剩1,350萬日圓，這就是一年可以增加的利益。

但開始和新廠商往來時，交易條件不可以一開始就付現，應該先用票據交易，到了一個階段後再改成現金交易。這麼一來更容易談折扣：「如果改用現金支付，可以折扣多少百分比？」

銀行的短期借款清償可以經由交涉，請銀行稍微等待，但應付票據萬一跳票，公司就會破產。

沒有應付票據就不會跳票，所以可以大幅降低公司破產的風險。經營顧問第一把交椅一倉定（按：在日本被譽為經營顧問第一人，指導過5,000家以上的日本中小企業）的名言是「消滅應付票據」。絕對不跳票的終極對策，就是不開票。

從某個角度來看，開票就等於是籌資。如果要籌資，與其開票，不如向銀行短期借款，再用借來的錢付現即可。這麼一來除了可降低破產風險，還可以增加利益，請大家務必記住這一點。

和往來廠商交涉不開票時，有時會因為顧及雙方關係而很難說出口。大家可以參考下一頁提供的「付款方式變更通知」，拜託往來廠商配合停用應付票據。

2019年〇月〇日

致各協力廠商

〇〇株式會社

付款方式變更通知

拜啟　恭賀　貴公司業績蒸蒸日上。在此感謝一直以來　貴公司對敝公司的厚愛。

敝公司原以期票支付貨款，7月20日起的應付款項原則上不再開票，將全額付現。因此請讓敝公司將請款截止日期變更如下。惟付款日不變。

此外，因應停止開票，也請配合簽訂全額現金匯款相關之「約定書」。

隨函附上兩份約定書，如蒙　貴公司同意，敬請用印後一份由　貴公司存執，另一份請用隨函寄出的回郵信封，於〇月〇日前寄回。

如有疑問，還請聯絡敝公司會計部門。

謹致

內容

變更前：每月5日月結，以郵戳為憑，當月18日前寄達經辦人員，次月20日開票付款。

（例：2019年6月5日月結，7月20日開票付款）

※票據以掛號寄出

變更後：每月5日月結，以郵戳為憑，當月10日前寄達經辦人員，次月20日匯款支付。

（例：2019年6月5日月結，7月20日匯款支付）

※原則上匯款支付，禁止寄發票據。

惟選擇開票者，仍依變更前方式辦理。

※1　選擇全額付現者，請在請款單上「本次請款金額」欄中，另行與窗口討論後，填入折扣3%後的金額。

※2　選擇開票支付者，60%貨款（票期160日）將和變更前一樣開票支付，40%貨款以匯款支付，不適用約定書（附件）第三條規定。

※3　有關「付款相關變更之起算日」，自2019年5月31日以後之訂單開始生效。

以上

23

拿到支票後應背書轉讓，
還是貼現？

上一節提到消滅應付票據可以讓公司獲利，這一節要談談應收票據。

應收票據也是一種債權，到期時對方就得要兌現。但是除了等待到期日，其實還有兩種使用方法可以換現金，也就是「背書轉讓」以及「貼現」。

票據該背書轉讓還是貼現？哪個更有利？

將收到的應收票據轉讓給第三人，這就是背書轉讓。也就是買東西時，用收到的應收票據付款。後者的貼現，指的則是付手續費（貼現費用）給銀行，在到期日前拿到現金。

那麼應收票據到底是背書轉讓好，還是貼現好？那一種對公司比較有利？很多人以為必要時把應收票據拿去貼現就好，其實這種想法太過淺薄。重要的是，使用前要先理解這兩種方式的優缺點。

背書轉讓可以留下更多現金，還可用於付款

背書轉讓的優點，在於不會被銀行收貼現費用，所以公司可以留下比較多現金。

此外，即使（背書轉讓出去）的票據跳票，那也不過是在帳上的背書轉讓票據科目，變成應收帳款科目而已，可以去和客戶協商，要求分期付清等，這也是優點之一。

另一方面，貼現時萬一該票據跳票，銀行會立刻要求清償，甚至直接扣存款抵債。這是因為銀行可以向申請貼現的公司請款，也就是強制支付，沒有協商的空間。

不過背書轉讓也有缺點，也就是公司的上游廠商會知道公司的下游客戶是誰。這麼一來，有些業種就可能發生上下游「跳

該如何運用應收票據？

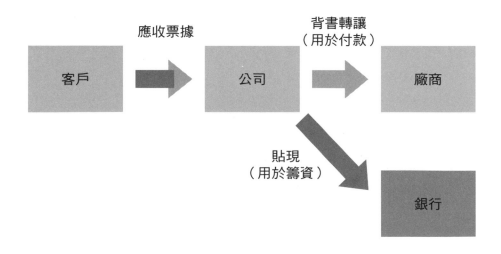

過」自家公司、直接交易的狀況。如果是有附加價值的製造業，可不用擔心這一點，但批發業就可能導致上下游直接交易。只要能避免這種風險，應收票據背書轉讓會比貼現來得好。

貼現用來救急，籌資用短期借款

我建議用應收票據貼現的公司，（如果還能取得銀行借款）盡量改成短期借款。因為票據貼現費率，遠比銀行借款利息高。

舉例來說，用應收票據貼現，每月各取得1,000萬日圓（全年共1億2,000萬日圓），和短期借款3,000萬日圓（因為3個月的期票居多），從結果來看短期借款的利息支出較少。假設每次貼現費

用為0.5％，一年就要花上60萬日圓的貼現費用。另一方面，短期借款年息1％，所以每3個月續借一次，每次的利息支出為7萬5,000日圓，全年利息支出只要30萬日圓。

再者，我也提醒大家把應收票據留在手邊，萬一臨時急需資金時，隨時可以貼現。萬一手上的應收票據跳票，只要拿其他票據去貼現即可支應，也有助於取得銀行信用。

原則上，應收票據最好留在手邊不要變現，萬一必須籌資時再貼現或背書轉讓，而且背書轉讓優於貼現。如果可以取得銀行融資，建議大家還是用短期借款籌資，把應收票據留在手邊，以備不時之需。因為緊急時就算申請銀行借款，也不是立刻就能拿得到錢，很可能慢好幾拍。

24

匯款手續費，
累積起來也是一筆大錢

匯款手續費雖然是小事，但有時一年可能會花上好幾百萬日圓，影響公司資金。

下游客戶匯入購買商品的款項時，有時會被扣匯款手續費。在某些業界這已經是商業習慣了，很少人會質疑這一點。我的客戶中也有許多社長順應這種習慣，但其中也有很多人不知道這種狀況。然而，匯款手續費就是典型的「積少成多」型費用，如果付款金額大或交易次數多，甚至可能影響獲利。

匯款手續費由誰付？累積起來也是大錢

匯款手續費還是請下游客戶自行負擔吧。

如果雙方約定由收款人負擔就算了，如果沒有這種約定，原則上應該由匯款人負擔。

這是日本《民法》484 條、485 條有關「赴償債務」的規定。簡單來說，就像是坐電車去付款時，車費要自行負擔一樣，匯款

手續費也應由匯款人負擔。（按：臺灣的《民法》中第317條提到，清償債務之費用，除法律另有規定或契約另有訂定外，由債務人負擔。原理大致相同。）

很難開口要求？會計大師教你這樣說

那麼，該如何才能開口讓對方負擔匯款手續費？

如果是新往來客戶，要在請款單上載明「匯款手續費由貴公司負擔」。這樣的話，對方會計在匯款時，應該就會自行負擔匯款手續費。

如果是現有客戶，而且過去從來不曾負擔手續費，那麼要如何開口要求對方今後必須負擔手續費？我都建議客戶這麼說：「會

計師來查帳時，跟我們說『匯款手續費應該是買方負擔的費用，請通知客戶匯款時要自行負擔手續費』耶……。」

如果這麼說之後，對方還堅持「我們不可能付」，那就算了。如果強迫對方支付而搞得雙方不愉快，甚至做不成生意，那就本末倒置了。

一家一家去開口要求，如果交易對象眾多，一年其實可以留下不少的金額在手邊。匯款手續費因金融機構而不同。但有些公司每個月會統一內扣800日圓作為匯款手續費。假設這種客戶有1,000家，一年就要損失960萬日圓了。所以還請大家看好時機，勇敢開口交涉。

25

太努力節稅的公司，
容易亂花錢

不少社長因為想盡可能不繳稅，因此就算公司有獲利，也會壓縮獲利以節稅。壓縮獲利節稅最常見的例子，就是買保險、借款、融資租賃，瑣碎一點的還有用社長出差時的高額日支和住宿費等。

盡可能不繳稅？結果獲利外流得更多

大家應該如何看待這些節稅對策？我認為應勇於採用資金不外流的節稅對策，但資金會外流的節稅對策，則應該少用為妙。

付保費節稅就是一個最好的例子。

以中小企業來說，社長身故可能讓企業面臨生死存亡的危機。因此日本前一陣子十分流行為社長買高額保險以防萬一，支付高額保費的同時，還可壓縮獲利以節稅。就算到了一定時期中途解約，已支付的大半保費也會以解約金的方式退回給公司。花在保費上的金額，也可以全額或二分之一認列為稅報上的損失金

額，所以很多人推薦這種方法，認為是有效的節稅對策。

然而，隨著制度變更，日本自2019年4月起，原本因為保費可以全額或二分之一認列為稅報上的損失金額，為了節稅而買保險的手法已經行不通了。但在那之前買的保險，保費還是可以認列為損失。另外中小企業也常常透過買保險累積幹部退休公積金，所以我想在制度變更後，還是會有公司採用保險對策。

可是無論是哪一種保險，解約金最高不過是已支付保費的80％至90％。作為退休金的事前準備，必須有一定金額的保險公積金，但已支付金額的10％至20％是拿不回來的。總之保費中有10％至20％會流出，是多餘的花費。假設每年支付1億日圓的保費，中途解約收回80％作為解約金，那麼一年還是會多外流2,000萬日圓的費用。如果持續十年，就會多外流2億日圓。所以請大家記住，買太多保險也會造成巨大損失！

節稅對策案例
為社長買保險
銀行借款
融資租賃
社長出差時支付高額日支和住宿費

銀行不是同林鳥，大難臨頭各自飛

還有一些社長認為與其繳稅，不如向銀行借款、支付利息。因為公司只要有錢，就絕對不會倒閉，能借便盡量借，結果借了高額借款、支付不必要的利息。

利息是全額外流，但稅金只會外流30％至35％，剩下的65％至70％會留在手邊（按：臺灣公司一般繳納的稅有營業稅和營所稅，共約25％左右，但營業稅會依行業而有特種稅額的規定）。還有許多社長誤以為，只要平常跟銀行借錢往來，發生萬一時也可以取得銀行融資。然而銀行就像俗話說的一樣，「晴天借傘、雨天收傘」，不能單方面信任銀行。

事實上，雷曼金融風暴時，日本的銀行大舉抽不動產行業的銀根，許多公司因此破產和瀕臨破產邊緣。我有一家客戶是優良

的不動產公司，每年都有5億至10億日圓獲利，當時也無法取得任何銀行的融資。該公司每年12月的尾牙，都會邀請許多銀行的分行經理和經辦，但那一年沒有一家銀行派人參加。

特別是中小企業，與其付不必要的利息，不如把那些錢拿來發給員工當獎金等。因為員工人數少，每個人能分到的獎金也較多，反而可以提振士氣。比起借沒必要的錢、付沒必要的利息以節稅，這樣做反而更有正面意義。為了節稅而借款的社長們，或許應該朝這個方向去思考。

提高出差時的日支來節稅？小心失了人心

另一個中小企業常見的節稅手法，就是提高社長出差時的日支費和住宿費。因為這樣做除了可以節稅，還可以增加社長個人的收入。

日支費是公司經費，不會報成個人所得，所以有的公司社長日支費超乎尋常的高，甚至有公司付給社長一日3萬日圓的日支費。社長也因為這筆收入不用申報個人所得稅，為了私利，希望能盡量提高日支費。

就我過去的查帳經驗，從稅務的角度來說，社長的日支費行情大約是5,000日圓，最高大約1萬日圓。這也是我給客戶的建議。（按：依據《中央政府各機關派赴國外各地區出差人員生活費日支數額表》，前往美國紐約市的日支費用為308美元、洛杉磯為285美元、日本東京為283美元、大阪為263美元，供各位讀者參考。）

再者，除了稅務影響，我想更重要的是員工觀感問題。如果社長和員工之間的日支費差距過大，員工不免覺得「好康的」總是社長獨享，不但薪資超級高，連日支費都這麼高，員工很容易因此不信任公司。

我認為，這樣的社長賺了小利，卻失去人心。最好讓員工以身為公司一員而自豪，以社長自傲。把眼光放長遠來看，對社長來說，別讓員工失望才是好事。住宿費方面也同理可證。

公司只顧著努力節稅，反而容易破產？

公司只顧著節稅，卻不支付法人稅等稅金，在現實中權益比率永遠都還是很低，公司內保留盈餘很少。

銀行對於權益比率低的公司，會要求較高的利息，萬一判斷這家企業很危險，公司更借不到短期借款。

相對於獲利的稅率如果是35％，就有65％會留在公司內。每年獲利3,000萬日圓的公司，約有2,000萬日圓會留在公司內部。長期來看，十年下來就有2億日圓、二十年就有4億日圓留在公司內。所以，與其發放董監酬勞、增加個人資金並支付高額所得稅，不如支付所得稅、把錢留在公司內部，公司才會有資金。

現今日本因應《高齡者雇用安定法》修訂，員工屆齡退休的年齡慢慢會往後延到65歲。這是全世界的潮流，未來甚至可能延後到70歲。（按：現今臺灣請領勞保年金的年齡，在1966年以後出生者為65歲。）

在這種趨勢下，日本大部分大企業會將60歲以上員工的薪資降至二分之一以下。但我一直認為，中小企業應該採取不同的做法。到65歲為止都支付和過去一樣的薪資，有助於員工維持穩定的生活。中小企業不像大企業或公務員，能支付高額退休金，可是在屆齡後，如果可以在公司打工到70歲，就算年金很少，也還能生活。這麼一來，員工應該會更願意為了公司打拚吧。現在的銀髮族都很有精力，即使超過60歲，能力也不見得都退化，反而因為經驗豐富、技巧高超，可作為有用又珍貴的人才。

古田土會計自2019年起，將退休年齡由65歲往後延至70歲。想在65歲退休的人，就支付一般的退休金，如果有人想改變工作方式也可以。如果超過70歲，但小孩仍在就學中，也可以一直以相同條件工作到小孩畢業為止。此外，到了70歲以後，員工還可以用部分工時的方式，繼續工作到80歲。

敝所調整退休制度的起因，是有一位55歲的員工生下第二個小孩，然後又發現另一位員工48歲才生下第一個小孩。而且，我也覺得，一個人唯有被公司和社會需要，才會覺得活得有價值。

但要讓員工長久的在公司工作，公司財務體質必須維持健全，理想狀態就是零借款，而且有大量的現金與存款。另一個條件，就是實現高收益型事業結構，讓公司內即使高齡者員工的生產力略微下滑，也還能充分獲利。如果一心只想著節稅，持續低權益比率的經營，長期來說不但無法守護員工，員工也不可能愛公司，這種公司遲早會破產。經營者經營企業時，必須將眼光放得長遠。

專欄

債務協商要趁早，
別等快破產才談

對中小企業社長來說，銀行和信用合作社等金融機構的融資極為重要。經營基礎比較薄弱的中小企業，就算業績良好、也有獲利，也可能因為往來客戶破產等，一時陷入資金周轉困難，這都是常見的狀況。

要是真的遇上這種情形，要不要向往來行庫提出債務協商，請銀行暫時變更還款條件？這是不得不為的判斷。

許多社長擔心，萬一提出債務協商，公司會喪失信用。事實上，等到公司已經瀕臨破產時才提出債務協商，應該也沒有金融機構會同意。然而，如果只是目前虧損，但很有可能轉虧為盈，或是因為往來客戶破產和跳票等，暫時陷入資金周轉困難的話，其實可以放膽要求協商。

債務協商的時機是？錯過就太晚了

當然，債務協商也不能隨便申請。前面也提到，這是當公司陷入資金周轉困難等特殊情形下，不得不為的非常手段。

什麼時候提出債務協商才好？其實就是陷入資金周轉困難，向銀行申請融資卻被拒絕時；再加上只要還款能寬限3年至5年，就可以累積資金、撐過危機。就算無法增貸，只要和往來行庫協商暫緩或減少目前借款的還款金額，就可以把原本要拿去還銀行的錢，用來作為營運資金，支付必要支出。

償還借款的來源，原則上就是獲利。基礎薄弱的中小企業每年的業績會波動，這是天經地義的。有時一整年的獲利不足以還款，有時甚至以虧損作收。此時如果無法取得銀行融資，就會出現資金缺口。不少公司只要能度過這個難關，經營就可望上軌道，甚至蒸蒸日上。我會建議這樣的公司，勇敢和銀行債務協商。所以如果還款金額高，暫時又無法籌措資金時，建議社長可以考慮債務協商這一步。

但如果看不到公司前景，也沒有好對策可以重振業績，此時進行債務協商也沒有意義。理想的情況是變更還款條件後，必須可以讓公司營運重新振作，至少營業現金流量要為正數。

金融風暴後，對債務協商的態度大不同

那麼銀行又是如何看待企業的債務協商？

在雷曼金融風暴之前，日本的銀行不會輕易同意債務協商，就算同意，也會視為不良授信債權（Risk management Loan），不會提供新資金，這是大型行庫的共識。地方性銀行稍微有點彈性，但對於狀況嚴峻的公司，做法應該也和大型行庫一樣。

　　但雷曼金融風暴後，《中小企業金融圓滑化法》在日本上路，對於債務協商已經有了不同的看法。之後因為擬定經營改善計畫的配套措施越來越完整，銀行也更願意客觀評價經稅務士和會計師之手所擬定的經營改善計畫。當然，申請債務協商時提出的獲利計畫書越來越有可行性，也是原因之一。

　　銀行不喜歡債務協商，是因為變更還款條件後，有可能增加銀行的不良債權。即使如此，如果公司能提出完整的五年獲利計畫書，其中包含刪減經費對策與資產出售計畫等，可以每年增加還款金額的提案，對銀行來說，只要這份計畫書值得信賴，與其讓公司破產，還不如進行債務協商更有利。

　　但如果公司不只向一家銀行借款時，就要小心了。

　　債務協商必須經所有銀行同意後才能生效，所以要先取得主力行庫的理解後，再向其他銀行申請。而且債務協商後的還款金額也要公平，每家行庫都償還一樣的比率。只要能公平償還，自然更可能取得所有銀行的同意。

　　如果債務協商後，暫時不用償還借款本金，但現金收入扣除現金支出後，經營收支還是有虧損的話，就已經太遲了。總而言之，這種公司就是權益比率低，手邊又沒有現金與存款。如果公司一直處於這種狀態，發生萬一時，就會被銀行認定沒有必要與該公司協商。

第五章

員工薪資與社長報酬

26

人事費用不該當成本，
而是經營的根本

一般來說，中小企業大多是勞力密集型的公司，需要很多人手。所以比起營業收入和獲利規模，人事費用占比總是偏高。因此「勞動報酬份額」，亦即勞動報酬，是指企業產生的附加價值有多少回歸到勞工身上，這個數值通常偏高。

只看會計數字的話，如果想改善公司業績，就必須降低勞動報酬份額。

其實勞動報酬份額中，隱含著想壓低人事費用的成本意識，希望人事費用占營業毛利的比率能壓低在多少百分比以內。中小企業如果把人事費用當成成本，會影響員工士氣，難以留住人才。其實，中小企業的人事費用不是成本，而是經營的目的，因為公司的存在就是為了讓員工幸福。

要看生產力，而非勞動報酬份額

一般來說，勞動報酬份額就是人事費用÷附加價值。我們更

具體一點，用人事費用÷營業毛利來計算。營業毛利就是變動損益表中，營業收入減去變動費用後的數字，代表某段時間內公司產生的附加價值。

幾乎所有大企業都在努力減降人事費用，減少正職員工，聘用派遣勞工等，這是不爭的事實。裁員以減少人事費用，也是為了降低勞動報酬份額。

然而對原本就屬於勞力密集型的中小企業來說，人才可是無可取代的重要夥伴。在人手不足的現代，還把人力視為成本，盤算著減降人事費用以改善業績，這種想法可謂是本末倒置。

中小企業社長的工作，就是守護有緣一起工作的員工及其家人，不能單純的以為「改善業績＝降低勞動報酬份額」。有這種想法的社長應該換個腦袋、改變自己的價值觀，透過增加毛利金額以提升勞動生產力。

增加營業毛利，就是提高勞動生產力

勞動報酬份額可以用人事費用÷營業毛利求出，如果把分子與分母對調，變成營業毛利÷人事費用，就可以求出勞動生產力。中小企業的人均人事費用本來就比大企業低，也沒有什麼減降的空間了，但營業毛利則有無限大的增加空間。

中小企業要提高生產力，除了增加營業毛利外，別無他法。對中小企業來說，人事費用不是成本，而是資源，所以重點在於選擇增加營業毛利、而非減降人事費用。

　　要增加營業毛利，社長和員工必須齊心協力、攜手合作。員工在現場發揮創造力，想辦法用最低成本（變動費用）與固定費用，創造出最大營收。

　　另一方面，經營者則要思考如何活用公司所有的人、物、錢三大資源。如果用勞動生產力來評估員工，經營者的評價可由提高多少「營業毛利÷固定費用」，也就是固定費用生產力來決定。但要注意的是，別為了增加營業毛利，而只顧著衝營業收入。

　　營業收入增加，銷貨債權（應收帳款與票據）和存貨也會隨之增加。另外也會伴隨投資設備與人事費用，使得借款增加、還款金額也相對應的增加。雖然損益表上看來好像有獲利，但卻沒有資金，也就是現金流量其實惡化了，這樣無法累積資金。

　　要增加資金，就要同時增加營業毛利與稅前淨利，因此必須改善毛利率和收款條件與付款條件，並縮短存貨周轉期間。

27

我都把年終獎金列入特別損失

上一節提到，靠提升勞動生產力以拉抬業績，比靠降低勞動報酬份額來得更好。對中小企業來說，把人事費用視為成本或是資源，看法截然不同。人事費用除了薪資外，經營者對獎金的看法也有很大的差異。其中也有不少經營者，就算當年度公司業績良好，為了防備將來業績可能惡化，也不會發獎金。然而，這麼做無法提振員工士氣。

年終獎金這樣發，更能激勵員工

原本日本的中小企業，每四家就只有一家會發獎金。在這種環境下，就算社長大聲疾呼要創造高業績，但員工會有幹勁嗎？更別提明明業績良好，卻還是不加發獎金，甚至沒有獎金，員工只會更沒有幹勁而已。說不定還有員工反彈，認為社長只想獨吞好處。

有些經營顧問會建議社長不要發年終獎金，理由是「今年有獲利，所以發獎金給員工。可是萬一明年沒有獲利、發不出獎

金，員工就會心生不滿」。

不過如果是我，會對社長這麼說：「優秀的員工對公司的獲利有所貢獻。如果能得到社長的好評，他們會更努力。如果明年做不出成果，領不到年終獎金，他們也會認為那是理所當然。會抱怨或表示不滿的，是那些不做事的員工。如果把這種員工的意見視為所有員工的想法，那可就大錯特錯。顧問之所以會提出這種意見，只是為了討那些不想發年終的社長歡心而已。」

發年終獎金的方式如下。

年初先設定全年的獲利目標，並向員工保證，只要業績超標，就發年終獎金。我們會建議社長事先編製包含年度計畫在內的「經營計畫」，並在下個年度開始前，對全體員工公布。

　　獲利需要繳稅，所以可以告訴員工，會將超出獲利目標的部分分成三份，分別用來支應稅金、年終獎金和保留盈餘。例如獲利超標300萬日圓時，其中100萬日圓就是年終獎金的來源。

不只發給員工，老闆也可以發獎金給自己

　　這麼一來，一定可以大幅提升員工的士氣。如果社長覺得：「年終獎金只發給員工，自己好像少了一點兒幹勁……。」那麼能不能也發年終獎金給自己？

　　在日本，一般董監酬勞無法認列為稅報中的費用，但只要事先向稅務機關提出「事前確定申報」即可。在申報書上載明支付日期與金額，並如期如實支付，社長的獎金也可以全額認列為稅報上的費用。（按：中華民國境內居住之個人領取之非固定薪資，如三節加發獎金、升級換敘補發差額、結婚、生育、教育補助費、員工紅利或董監事酬勞等，並非每個月固定有的，應扣繳5％，如果合併到當月分薪資發放時，亦可查表扣繳。薪資受領人在本機構以外，尚兼任其他機構職位工作而取得之兼職薪資所得，應扣繳5％。〔2011年1月1日起，未達薪資所得扣繳稅額表無配偶及受扶養親屬者之起扣標準者，免予扣繳。薪資所得扣繳辦法第8條〕）

　　社長也是人，如果可以因應業績表現領到年終獎金，當然也會幹勁十足。就算有堅強信念，自認經營公司不是為了增加自己報酬的人，還是會很高興。我自己也會領年終獎金。

　　在日本，「事前確定申報」的步驟很簡單。一般公司在股東大會後會召開董事會，只要在董事會針對事前確定申報相關事項做出決議，在議事紀錄上載明獎金金額與支付日期。然後再向轄區稅務機關提出申報書即可。

　　申報期間為期初當月起四個月以內，或股東大會後一個月以內，以先到期者為準。原則上大多數公司，都是在股東大會後一個月內提出。

　　也就是說，如果是3月底結算，就要定好「3月25日如果有多少獲利，就於3月28日支付社長多少獎金」等條件，載明金額與支付日期提出申報。到期時如果符合條件，就可按照申報內容支付。

在日本，過去董監酬勞是股東大會決議事項，現在已經不需要經股東大會同意了。因為事前確定申報獎金制度上路後，只要經董事會決議便可支付。

員工的年終獎金可以隨時調整金額，但給社長的年終獎金則必須根據事前指定的獲利金額基準決定，於申報書記載日期全額支付，或者完全不支付，不能調整。

社長的獎金是根據自己的經營實力賺取的獲利而來。這麼想來，其實發獎金給社長也很合理。

（按：在臺灣，依據《公司法》第235條之1第1項本文：「公司應於章程訂明以當年度獲利狀況之定額或比率，分派員工酬勞。」董事可以領薪資、獎金或車馬費，但規定獎金的發放一定要在公司章程之內明訂，而董事薪資的標準可以依照公司章程或股東會決議之一來發放。）

年終獎金和董監酬勞都認列為特別損失

在會計上，許多日本企業會將年終獎金當成營業費用（管銷費用），但我建議還是列入特別損失吧。如果因為發了年終獎金，減少報表上的稅前淨利，就無法正確的比較，預估稅前淨利數值與實際數值的差異。

如果認列為特別損失，報表上有較多的營業利益和稅前淨利，給金融機構看的報表也比較好看。如果他們有意見，只要說「因為獲利超標，所以發放年終獎金」即可，稅務機關也能接受

這種說法。

我特別建議未編製經營計畫的公司，導入年終獎金制度。這麼一來，無論是社長或員工，平常就會在意年底可以有多少獲利。這樣就能很自然的養成習慣，定期檢查每個月的營業收入和費用。

很多日本企業會把事前確定申報後發放的董監酬勞，當成管銷費用，我也建議認列為特別損失。

在日本，原本董監酬勞必須經股東大會決議，和股利股息一樣，屬利益分配項目。利益分配是針對稅後利益分配，再加上董監酬勞不能認列為稅報上的費用，所以幾乎所有中小企業都不發放董監酬勞。但稅制修訂後，只要經過事前確定申報獎金的程序支付，就可以認列為費用，所以也有企業開始發放了。只要將董監酬勞認列為特別損失，比較容易有較好的銀行信評和徵信公司評等，這一點和員工年終獎金的處理方式一樣。（按：在臺灣，董監酬勞及員工紅利已費用化了。）

28

獎金應該怎麼發，才能全員都開心？

　　中小企業一般應該發多少獎金才好？每到發獎金的季節，許多經營者都很在意這個問題，不知該發多少獎金給員工。報紙上會公布薪酬趨勢調查等，列出各個業界的獎金金額，不想聽都不行。可是這些金額都是大企業的金額，對中小企業來說，似乎不太有參考價值。甚至還有經營者煩惱：「我們公司的獎金是不是太少了啊？」

中小企業規模不比大公司，但薪資差距卻不大

　　日本國稅廳「民間薪資實態統計調查」顯示2017年度的獎金金額，大企業（員工5,000人以上）一年平均為109萬9,000日圓，中小企業（員工10人至29人）則為42萬5,000日圓，差距高達2.5倍。

　　如果不看獎金、只看月薪的差距，日本的大企業只比中小企業多6％至12％左右，可見得主要差距來自獎金。換句話說，中小

企業如果能發放獎金，可以縮小和大企業之間的差距，應該也可以提升員工滿意度。

古田土會計針對提供顧問服務的803家公司調查，以了解中小企業的獎金實態。以下是一些具體數據。

2017年夏季獎金，每人平均為24萬3,000日圓（平均員工人數33人）。而前揭日本國稅廳調查顯示，30人至99人規模的公司，獎金為56萬9,000日圓（每次約28萬日圓），所以很接近平均值。沒有獎金的企業只有25.8%，是近年來最低。以業種來看，最高為不動產業的61萬8,000日圓，最低為美容業的5萬9,000日圓。這樣看來，只要夏冬兩季每季各發30萬日圓獎金，就算公司規模小，依古田土會計的調查結果，就可以成為每人平均獎金金額，高於平均值約25%的優良企業。

當然每家公司狀況不同，也有公司經營艱困，連包個紅包意思意思都付不起。我認為，如果是這種公司，應該把社長的報酬降到一年1,000萬日圓以下。不能員工領不到獎金，社長還領高薪。

員工獎金與社長薪資的黃金比例

反之，如果公司都有支付員工獎金，社長也理所當然可以提高自己的薪資。

如果公司每次平均發24萬日圓左右的獎金，該公司社長的薪資可以領1,200萬日圓。如果每次平均發30萬日圓，社長薪資為1,500萬至1,800萬日圓。如果獎金金額更高，社長領2,400萬以

上的薪資應該也不為過。

但如果為了提高獎金金額，導致公司虧損，那就本末倒置了。要增加獎金金額時，每年夏冬兩季的獎金金額可以照舊。有獲利時，再用上一節提及的年終獎金分配給員工。

2017年夏季獎金實績（日圓）

所有業種平均	242,695
批發	295,143
餐飲	119,630
零售	273,894
營建	356,746
IT相關	234,828
不動產	618,569
製造業	272,374
印刷業	300,163
運輸業	91,702
美容業	59,279
其他服務業	237,056

資料來源：古田土會計獎金實態調查

臺灣受雇員工2021年初年終獎金金額平均值

受僱員工每人年終獎金	平均領1.64個月，為7萬513元
金融及保險業	3.92個月
不動產業	2.39個月
營建業	1.23個月
運輸倉儲業	1.31個月
電子零組件製造業	2.27個月
電腦電子產品暨光學製品製造業	2.39個月
紡織	0.74個月
成衣	1.63個月

資料來源：行政院主計總處

29

老闆或高階主管的薪資設計

中小企業的經營者，應該領多少薪水才合理？

社長的薪資報酬說來簡單，其實還真是個難題。海外企業高層的高薪常常成為人們討論的話題，但日本企業的社長、董事長到底領了多少？可能連大企業內部的人都不知道。特別是中小企業，參考實例和基準都很少，更是不清楚。

公司是老闆的，所以老闆可以領高薪？

我的客戶們也都很煩惱，不知該領多少薪水才好。有人覺得自己領太多，也有人覺得領得太少了。如果有一個公式，可以根據公司規模與收益算出社長薪資就好了，可惜事與願違。其中還有一些人認為反正公司是自己的，想領多少都沒關係。家族企業經營者特別容易抱持這種想法。其實這是天大的誤解。

就算是家族企業，既然聘僱員工、有緣一起工作，公司就是公器。支付必要的報酬給員工，讓員工能養家活口，這是社長的責任。既然如此，就沒有社長獨領高薪的道理，絕對不能因為老

閣薪資太高,而影響公司經營。

　　至於應該如何決定合理的薪資報酬?上一節提到,社長的報酬取決於支付多少獎金給員工,這是一種方法。另一個方法就是,根據公司獲利金額決定社長的報酬,這種做法應該更合理。

　　古田土會計針對1,842家客戶做了問卷調查,發現這也是許多社長的做法。

規模大的公司,社長報酬約為獲利的一至兩成

　　由問卷結果可知,雖然規模不同,但社長的薪資報酬原則上會跟著公司獲利金額走。

　　來看看實際的問卷結果。營業收入和員工人數相對較多的公司，社長的全年報酬約為公司一年獲利金額的一至兩成。一年獲利5億至15億日圓的公司，社長平均月薪約400萬日圓。2億至5億日圓的公司約300萬日圓，1億至2億日圓的公司則約200萬日圓。順帶一提，5,000萬到1億日圓的公司為150萬日圓，1,000萬至5,000萬日圓的公司，則為100萬至125萬日圓。

　　照這個邏輯推算，如果公司虧損，社長的年收會變成負數。但社長也必須養家活口，所以只要規模大到某種程度，就會有相對應的報酬金額。

　　一年虧損5,000萬至3億日圓的公司，社長的平均月薪約為100萬日圓左右。這也包含了對下個年度可能由虧轉盈的期待值。如果一直虧損，大家都會減薪。

　　員工30人規模的典型中小企業，如果獲利在1,000萬日圓以下，社長的平均年收約為1,000萬日圓左右。以月薪來說約為85萬日圓。

　　如果是不賺錢的中小企業呢？實際上以中小企業來說，這種公司最多。這些公司的社長平均年收為600萬日圓左右，大約是月薪50萬日圓。

社長為責任制，報酬應隨獲利變動

　　看看問卷結果後再想一想，經營者其實是責任制。員工就算只有10人，只要一年獲利有3億至4億日圓，社長領5,000萬至

6,000萬也不過分。反之，就算公司規模很大，但如果沒有獲利，也不能照領高薪。這種公司的員工獎金應該也很少，所以社長薪資報酬還是應該以獲利為基礎。

30

鞭子和糖果，
哪一個才能真的提升士氣？

有些社長深信員工士氣的高低，取決於人事制度和薪獎制度，所以花大錢與時間去建立制度。

然而，我崇拜的經營學者，也就是累計銷量突破70萬本的暢銷巨作《希望這家公司永遠在──日本最值得珍惜的5家企業》的作者，前法政大學教授坂本光司卻否定這種想法。他在著作中的主張如下。

「我曾針對士氣高與士氣低的公司，進行為期三年的比較研究，結果發現人事制度和薪獎制度幾乎不會影響士氣。從結論來看，士氣最低落的時候，是對經營者及主管最不信任的時候。問題不在於制度，而在於領導人，經營者不改變自己，只顧著改變其他要素，公司不可能變好。」

此外，針對如何促使員工行動，經營之神彼得·杜拉克（Peter Drucker）也表示鞭子與糖果無效。就算短期內有效，但長期來說要持續激勵人心，靠的不是鞭子與糖果，重要的是內在激勵的尊敬、信任、貢獻。正如杜拉克在其著作《杜拉克談高效能

的 5 個習慣》（*The Effective Executive*）前言中所言：「所謂管理，就是以身作則。」管理不是控制人的方法，而是以身作則、身先士卒，這一點和坂本教授的調查結果可說是如出一轍。

提升員工士氣，不能只靠人事制度和薪獎制度

不過，有些人事顧問的著作中常常介紹一些案例，是因為改變人事制度和薪獎制度，結果順利提振員工士氣，讓營業收入、獲利成長好幾倍。

到底誰說的才是真的？

我認為顧問們為了提高自身價值，會透過這種宣傳方式，誇大自己指導的實績。這種做法當然不是完全無效，但我想只能說是對某些公司有效。我認為，如果中小企業社長深信改變人事制度及薪獎制度，就可以提振員工士氣，那誤會可就大了。員工會因此看破社長的手腳。

員工其實很敏感，可以察覺社長是真的很重視他們，還是只是把他們當成衝業績的工具，只有社長自己不知道這件事。

「數字代表人格」，以業績目標達成狀況來評價員工，薪資會因為成果而大為不同，日本中小企業的員工能接受這種薪資制度嗎？

中小企業就像一個家庭，社長就像是父母，努力守護員工，這不就是員工想要的經營型態嗎？以家庭溫暖和團隊力量見長的中小企業，就算套用冷冰冰的經營理論，也不可能有好結果。

如同坂本教授的調查顯示，從結論來說，重要的是領導者的人格。中小企業的領導者就是社長，也就是說，如果社長的人格端正，員工士氣自然就高。

坂本表示，人格端正的社長，經營時重視員工及其家人；此外，這種經營型態也會讓上游廠商、外包廠商，與公司相關的所有人都幸福。

業績差就減薪？小心該走的沒走，不該走的卻走了

我認為，中小企業的薪資不應該隨著業績波動。公司裡有人能力好，也有能力差的人。就算減少後者的薪水，最終讓他回家

吃自己，結果因為「二六二法則」（按：認為優秀員工和能力較差的員工各占兩成，中間六成是能力普通的員工），還是會出現兩成能力差的人。減少這些人的薪資會讓員工不安，結果連能力普通的人都辭職了，這對公司可是很大的損失。

公司裡有各種能力的職員，這是天經地義的現象。經營者的工作就是把這一點放在心上，並打造出一個機制，好讓員工可以安心工作。以二六二法則來說，有能力的員工占兩成，只要能力普通的六成員工士氣高昂，就算能力差的兩成員工對公司沒什麼業績貢獻，公司也可以獲利。

只要社長的戰略正確，中小企業就可以創造良好的業績並獲利。在中小企業中，是由社長開發出能因應時代變化的商品及服務。不管員工再怎麼優秀，只要公司的商品、服務跟不上潮流，公司還是會倒閉。

中小企業的前景好壞取決於社長。社長夠優秀，員工能力普通就夠了。重要的是社長要有守護員工的核心思想，把員工當成家人，建立能讓所有員工及其家人幸福的薪獎制度，這樣如何呢？而我自己的做法，是不會只有高層領高薪，公司的董監報酬也會對所有員工公開。而且為了避免公器私用，我會把公司的總帳放在員工休息室裡，每個月對所有員工公開資產負債表和損益表。重點就是別讓員工覺得好康都是社長獨享。社長的工作就是成為一個讓員工尊敬的老闆，讓員工幸福。

31

花錢讓員工參加研習，
有用嗎？

　　員工教育大致可分為三種，第一種是有助於提高營業收入的技術教育，第二種教育能提振員工士氣以提高獲利，第三種則是與獲利無關的品德教育。

　　社長以為業績不佳是因為業務能力差，所以送員工去上增強業務能力的課程。或是以為員工不照指示做事，是因為管理階層指導能力有問題，所以送管理職去上養成課程。

　　一直這麼做的社長，其實存有很大的誤解。中小企業業績不佳，其實全是社長的責任，員工沒有任何責任。應該在公司外部舉辦的員工研習課程，只有磨練技術、以幫助提升業績的課程，這是絕對必要的。就算公司虧損，甚至員工薪資低於業界行情，也不能省這筆錢。

　　許多社長誤以為只要提振員工的士氣，徹底整頓、打掃公司內部，公司業績自然會提高。如果真要靠員工教育提升業績，其實有個大前提，那就是員工薪資要高於該地區行情的10%左右，至少必須是市場行情價。

員工士氣、業績不振，是不是薪水不好？

公司支付高額研習費，讓員工請公假去研習。但如果沒有支付員工充足的獎金，或薪資原本就很低，此時員工心裡會怎麼想？員工心裡應該會覺得，有錢付這些研習費讓我去上課，為什麼不提高我的薪資獎金呢？所以員工就會因此關上心門，倒放心中的茶杯。對著一只倒放的茶杯，不管再怎麼倒水，水也進不了杯子裡，只會弄髒周遭環境，結果只會讓員工對社長心生不滿。

對於業績優良、員工薪資和獎金超出平均值的公司，如果想用外部研習來補足內部不足，我舉雙手贊成，員工應該也會感謝社長。可是如果公司的情況不是這樣，社長應該優先做的，就是

為員工加薪到行情價，而且最好能比當地行情高出10％。社長的責任就是提升公司業績，直到可以負擔這些薪資水準。

技術研習當然必要，除此之外更重要的是實踐。在業務面，社長應該身先士卒，用行動提升實績。社長自己也要學習並教育管理階層。至於內部整頓和打掃等環境整頓，必要的也不是教育研習，而是實踐。社長應該最早到公司，以笑容迎接每一位員工，也應該和員工一起打掃環境。打掃研習是不需要花錢的。

實踐其實沒那麼難。例如，古田土會計也是會員之一的非營利組織（NPO）「日本美化協會」，每次每人只要1,000日圓，即可學習打掃。而且親身實踐後，還可以讓公司和員工都身心光亮如新。

我深信員工教育中最重要的，是培養良好品性的品德教育。品德教育靠的是實踐，不只是在課堂上聽講，而是在日常工作中實踐與訓練。我在自己公司的經營計畫裡載明：「確保並培育員工人品，培養良好品德。透過員工教育養成良好習慣，成為可共享價值觀的集團。最好的學習場所就是打掃廁所。要培養良好品德，不只要學，更要實踐，也就是訓練。這一點很重要。」

古田土會計由2,200家客戶企業中，挑選經常利益（按：近似於臺灣的稅前淨利）1億日圓以上的67家公司，調查獲利和教育費用的關係。結果以平均值來說，經常利益為2億9,700萬日圓，員工人數115人，教育研習費402萬9,000日圓，教育研習費占經常利益的比例為1.3％，人均經常利益260萬日圓，人均研習費3萬5,000日圓。

　　也就是說，即使是有獲利的公司，人均研習費也不到5萬日圓。可知公司業績和教育研習費金額無正相關。

　　以古田土會計集團來看，員工220人，營業收入19億5,000萬日圓，經常利益3億4,000萬日圓，教育研習費為300萬日圓，人均研習費約1萬3,000日圓，而且全都是技術研習費。員工士氣教育和品德教育則是從做中學，經由落實經營計畫方針學習。原則上就是打招呼、打掃、朝會這三種文化的每日訓練。我希望實踐這三種文化、建立良好公司風氣，提升員工品德，讓員工有更富足的人生。我深信實踐才是中小企業的教育研習之道。

専欄

發獎金，最好親手交付現金

　　中小企業到了一定規模，就很理所當然的用銀行轉帳發放薪資獎金。因為手邊不能一直放著大量現金，而且親手交付薪資獎金實在很麻煩，所以絕大多數公司都理所當然的以轉帳來支付。

　　可是我認為，在達到某種程度的規模前，薪資獎金最好盡可能親手交付現金。古田土會計在員工還不到200人時，我也要求會計人員要親手交付薪資。現在因為人數太多，沒辦法這麼做了，但每年三次的獎金發放，還是沿用舊例，親手交給員工。

　　親手交付時，當然不是把員工叫過來領，而是我親自到每位員工的座位旁，低頭感謝員工，「非常謝謝你一個月來的辛勤工作」，然後交付薪資，連兼職人員都不例外。當時員工人數還不到200人，在每個月的發薪日，我都會把上午到中午過後的時間空出來，專門用來發薪。

親手交付現金袋，不管大包小包都能激勵員工

　　薪資袋中除了薪資條外，當然還有現金。分裝現金的準備工作由兩位員工負責。雖然有人表示，用這種做法，錢可能會被

偷，但我還是想藉由這樣的形式，親自向員工表達感謝之意。

看著員工的眼睛，親手將薪資袋交給他，並親口道謝，可以讓我的心靈獲得滿足。這樣也可以激勵我自己要更努力，才能發更多薪資和獎金給員工。

剛轉換跑道來公司的人，一開始都會嚇一跳，但之後他們也很高興，「把薪水拿回家親自交給老婆時，真的很開心」。此外，在家庭日等時候見到員工的伴侶時，我也會請她們「盡量在孩子們的面前，收下先生交給妳的薪資袋，並告訴孩子們『都是因為爸爸這麼努力工作，我們才能生活哦』」。這麼一來，孩子們也會尊敬父親，想必也會有個幸福的家庭。

而且因為每個人的工作表現不同，信封袋厚度也不同，看到

同事的厚厚一包，心中應該自然會萌生「要更努力」的想法。雖然有人認為這種做法很落伍，但我還是覺得，對經營者和員工雙方來說，親手交付薪資獎金真的是個好方法。

當然，每家公司的狀況不同，我也不能說所有公司都應該要採用這種方法。但如果社長想要追求員工的幸福，親手交付薪資獎金不但符合社長的方針，員工也會回應社長的用心。就算真的很難親手交付薪資，至少也可以從發放獎金和年終獎金做起，請老闆們務必試試看。

順帶一提，我的月薪是200萬日圓，我會把其中1%、也就是每月2萬日圓，捐贈給需要的社福單位，我也邀請員工一起共襄盛舉。許多員工也會每月捐贈1,000日圓左右。領到內有現金的薪資袋，也會提高大家貢獻社會的意願。

而且每個月發薪時，全公司都沉浸在感謝的心情中，這樣一來可以讓大家重新上緊工作發條。我想，這也有助於公司上下齊心協力，強化高收益體質。

第六章

擬定經營計畫與年度預算的訣竅

32

數字與計畫方針要兼顧

　　現在幾乎每家公司，每年都會編製獲利計畫，但連「經營計畫」都有的公司就是少數了。就算編製了經營計畫，我也很少看到真正有實效性的。每年編製經營計畫的公司，或許也有不少社長心裡覺得：「反正計畫趕不上變化，只是還是有個目標比較好。」

獲利低成長，管理公司越要有「經營計畫」

　　但這樣是行不通的。說得極端一點，在高度成長期，不管誰來當社長，只要不要太離譜，公司業績都會成長。但在低成長的現在，社長的能力就格外重要了。中小企業要獲利，重要的是公司的戰略，以及如何用人以實現戰略。

　　社長要帶領公司前進，就必須要有規畫力與膽大心細的執行力，正確解讀財務報表並驗證、調整。如果社長是經營天才，或許天生就具備上述所有能力，只要有數值目標，就可以獲利。但這不適用於大多數的普通人身上。

　　大多數的普通社長們如果真的想確實獲利，絕對必須有一份

真正有用的「經營計畫」。

經營計畫怎麼編？這些訣竅先知道

簡單來說，經營計畫就是將一家公司的經營路線化為白紙黑字，包含公司的強項、運用強項能提供什麼樣的商品服務、獲得多少收益、獲得這些收益所需要的銷售計畫，及如何實行等戰略和戰術方面的內容。

每一年，社長會在前一年年底和員工共享經營計畫，並在當年度根據計畫掌舵，帶領公司前進。同時每月比較計畫與實際成績，提出改善對策。要推行對策，就必須有計畫。

經營計畫並不是新的概念，有些社長早就著手編製。可是老實說，我很少看到真正有用的經營計畫。其實有很多社長不知道

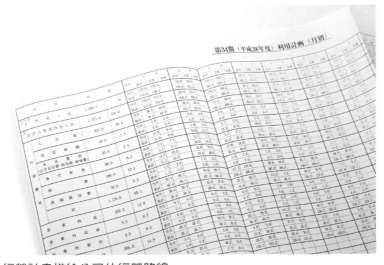

經營計畫描繪公司的經營路線。

如何編製計畫，這出乎我的意料之外。如果不會編，自然也不能運用。

以數字面的經營計畫為例，許多社長會從營業收入開始編製。可是不管業績衝得多高，只要沒有創造出稅前淨利，就無法將獲利保留在公司內。所以經營計畫的起點不是營業收入、也不是營業毛利，應該是稅前淨利。

此外，也有一些獲利計畫只載明計畫和本年度業績，如果能再加入上一年度的業績，更能了解變化，也更能提早發現問題並提出對策。另外，鉅細靡遺的經營計畫會打擊員工士氣。我常看到以1萬日圓為單位的年度營業收入計畫，但沒有人會記得如此詳細的數字。記不得的數字會讓人失去挑戰的意願，所以必須掌握本質，設定恰到好處的數字。

經營計畫要有兩種，數字和方針必須兼顧

有效的經營計畫不可能隨便亂編，在此概略說明編製的方法。經營計畫必須要有兩種，也就是數字面的計畫和經營方針的計畫。

一般稅務士編製的計畫往往只有數字面的計畫，企管顧問則主要編製方針面的計畫。但這兩種計畫缺一不可，組合兩者才能成為真正有用的經營計畫。

古田土會計會為客戶提供這兩種計畫，並稱之為「報表篇」（也稱為數字篇）和「方針篇」。方針篇說明必須達成營業收入、

獲利目標的理由，可以讓對方了解為了什麼要達成目標，讓全公司員工齊心協力、朝目標努力，更有助於提升業績。

不論是報表篇還是方針篇，不是有編製就好。即使兩種計畫都製作，但除了特別注重的人以外，有人是把報表篇全交給稅務士編製，也有不少社長雖然編製方針篇，卻只是在期初編好後，就收在抽屜裡。

短期編數字、中期看核心、長期談未來

經營計畫中，至少必須要有短期獲利計畫、中期事業計畫、長期事業計畫這三大要素。

短期獲利計畫包含在報表篇內，也就是一年的獲利計畫。一張表中有12個月的去年度實績、目標、今年度實績，就當月數字與累計數字來比較。報表篇則包含短期獲利計畫與針對各商品、各個客戶的銷售計畫，而且只有這些數據，沒有任何方針等內容。

方針篇則包含中期事業計畫和長期事業計畫，除此之外還有社長的使命感、公司經營理念等。中期事業計畫是每一個年度編製的五年計畫。這裡所謂的事業是指商品、服務，所以除了目前的事業，還會加上中期要推出的新商品、新服務的銷售計畫，與實現所需之戰略、戰術。公司的未來取決於這些事業的成敗，因此中期事業計畫可說是事業的核心。

長期事業計畫則描繪未來願景。員工最想問社長的是關於自己的未來，而要知道自己的未來，就要先知道公司的未來。如果

在這個部分寫下員工的未來願景，員工便可以安心並充滿希望。另外，員工也會知道為了公司的未來，自己應該做些什麼，才能協助公司達成目標。

經營計畫的方針篇也會包含為什麼必須達成業績目標，和報表篇的數字合而為一。如果數字是畫龍，方針篇就是點睛。只有數據的計畫就是「畫龍而不點睛」，幫不上忙。

這些計畫中應該優先著手編製數字的相關內容，也就是一年的短期獲利計畫和銷售計畫。編好後再比較每個月的計畫和實績，並實行對策。方針篇可以一邊實行計畫、一邊編製。

原本應由上而下編製、先製作方針篇，但實際編製時沒有這麼簡單。所以建議先編製一年的短期獲利計畫，然後一邊落實、一邊製作。編製時的訣竅就是取得其他公司的優秀經營計畫，然

報表篇是畫龍，方針篇是點睛，兩者缺一不可。

後模仿。一邊活用、一邊細心打造，即可找出改善之處，而且還
會有新發現，再加入、修正這些內容即可。

經營計畫要一邊用、一邊編

古田土會計每個月都會集合全體員工，就報表篇一同確認計
畫達成度。至於方針篇，也是每天實踐上面寫的內容，如果發現
「這樣做的話，應該會更好」，也會一起加進計畫中。

而且我們不是只有說說而已，如前所述，我會把總帳放在
員工休息室裡。包含社長薪資、損益表和資產負債表，全部公
開。對所有員工公開公司事業和財務狀況，讓大家可以對照經營
計畫。這麼一來，員工便可以心服口服，努力提升獲利，而社長

經營計畫中至少要包含圈起來的三種計畫

經營計畫	
方針篇	**報表篇**
●使命感	●短期獲利計畫
●經營理念	●各商品銷售計畫
●長期事業計畫	●各客戶銷售計畫
●中期事業計畫	●各經辦人員銷售計畫

也不會再公私混淆。社長也是人，當然也有私利、私欲。這種做法，有助於讓社長更公私分明。

　　編製方針篇和報表篇兩種經營計畫，然後每日在組織中推動落實，即可建立強健的高收益體質與培育人才的機制。

　　我也曾經歷過一段苦日子。我在大學畢業後，立刻考取會計師證照，在會計師事務所服務，並在30歲時辭職、獨立創業。但當時員工流動率很高，好不容易有員工來上班，卻一下子就走人，然後再聘僱、又再辭職，有一陣子一直陷於這樣的循環中。

　　當我內心苦惱不已時，我有幸接觸到極力主張用心經營的黃帽汽車百貨（YELLOW HAT）創辦人鍵山秀三郎、京瓷創業者稻盛和夫與經營顧問大師一倉定的著作，慢慢修正自己的經營方法。只要聽說哪裡有人打造了很棒的公司，我就會親自去見習，又聽說哪裡有知名的經營者，我也會立刻去向他請益。不斷向別人請教並思考經營方法後，我找到的解答，就是現今以經營計畫為主軸的經營方式。如果讀者們也遇到經營方面的困擾，請務必編製經營計畫，並善加活用。

33

怎麼把你的理念寫進計畫裡？

　　有些社長以為編製經營計畫，是為了給員工目標，鼓舞士氣。就算不是這麼想，很多社長也都以為編製計畫是為了設定目標。所以這些老闆們很常設定這類目標數據，像是「今年的營業收入要比去年增加20％，以12億日圓為目標！稅前淨利目標為1億日圓」，努力鼓舞員工朝向終點邁進。可是這樣真的有效嗎？如果你也是這樣的社長，我想你必須重新好好思考一下。

團結員工，也需要「經營計畫」

　　對於你編製的計畫，員工會很高興的工作嗎？

　　員工會把計畫當成自己的事，而不只是個業績目標嗎？

　　員工對社長說的話心悅誠服嗎？

　　其實，我想大家應該都已經知道答案了。沒錯。這些問題的答案幾乎全是NO。

　　只要是中小企業的社長，或多或少一定曾經煩惱：員工為什麼不跟著我前進？為什麼表面上順服、實際上卻背道而馳？

　　計畫如果只提到營業收入和獲利終點目標，便無法得到員工的共鳴，因為其中欠缺能引起共鳴的使命感和經營理念。更何況，中小企業中社長擁有絕對的權力，老闆編製的計畫，對員工來說只是不得不遵守的業績目標而已，當然不可能心悅誠服、接受這種計畫。

公司不只是社長的野心，
靠使命感與理念才走得遠

　　經營計畫中最重要的部分，是能引起員工共鳴的使命感與經營理念。即使一開始的計畫中，只有獲利計畫等以數字為主的內容，但是到了某個時間點（越早越好），也必須提出這兩種明確的「基本方針」。

　　前者的使命感，就是社長的經營哲學基礎，如同字面上的意思，就是指公司的使命和目的。

　　公司是一群有緣分的人、聚集在一起工作的地方，很明顯的是社會公器。公司必須對員工和客戶闡述並共享使命和企業目的。絕對不能只是社長一個人的野心和夢想。

　　原則上，如果欠缺為社會、為員工的大志，就不能和員工與客戶共享，而且如果不是一句簡潔扼要的話，也很難傳達給別人。社長必須仔細思考公司從哪裡來，又要往哪裡去，將這些有志的使命與企業目的，明確的化為經營計畫中的使命感。

　　以古田土會計為例，使命感就是我一直以來的夢想與期望，

也就是「讓全日本的中小企業朝氣蓬勃」。下頁就是使命感的範例，這是帶領古田土會計集團，也是古田土經營的現任社長飯島彰仁，根據我的「使命感」所編製而成，裡面包含我們希望能讓所有客戶，亦即日本的中小企業振作的大志。

但如果一直只有使命感，就算志向再偉大，也不過是社長一人的夢想與期望而已，無法獲得全體員工的共鳴。為了讓全體員工共享社長的使命感，所以要編製經營計畫的另一個主軸——「經營理念」。

共享經營理念，讓員工了解公司的使命

使命感主要是對客戶述說，和客戶共享的內容；而「經營理念」主要是對員工訴說，和員工共享的。

簡單來說，就是全公司為什麼要上下一心、追求「使命感」中所寫的企業目的。以古田土會計為例，就是當有人問「為什麼你想讓全日本的中小企業朝氣蓬勃」時，我們所提出的回答。

如果只是「因為能賺錢」、「因為我覺得這個商品很棒」等表面理由，無法獲得任何人的共鳴。所以必須細細斟酌、字字珠璣，直接連結到社長的人生觀、使命感、哲學。

我也煩惱了好幾年，才終於找出答案。

我的結論是「中小企業的經營不是以業績為主，必須重視員工與家人，讓與公司有緣的所有人都幸福」。說得更白話一點，就是讓員工幸福，讓和公司相關的所有人都幸福，貢獻社會。

使命感
（志向：為了社會，為了人類）

讓全日本的中小企業朝氣蓬勃
（如果不夠簡單明瞭，就很難深入人心）

我們的夢想

我們的夢想就是成為全日本最受客戶歡迎的會計師事務所

①我們的夢想，是在銷售技術給客戶前，把我們的經營理念與每個人都具備的人性傳達給客戶，協助日本中小企業成長，讓所有員工及其家人幸福，讓客戶開心。

②我們的夢想，就是全體員工基於經營理念，共享相同的價值觀，為使命感所驅使、熱心工作，讓公司和員工都能成為客戶的「模範」。並以成為「理念的金太郎飴」為目標（按：金太郎飴是剖面的圖案皆相同的糖果，比喻整齊劃一的樣子）。

③我們的夢想，就是成為充滿溫情的公司，成為溫柔體貼的人齊聚的集團，並成為讓員工及其家人都幸福的公司。

　　經由挑戰與創造，讓古田土會計集團成為全日本第一的會計師事務所。所謂的第一，指的是「最能讓客戶喜悅的會計師事務所」，絕對不是最賺錢的意思。我們不想成為講究生產力和報酬率的精明會計師事務所，只想成為專心提供商品、服務，讓客戶高興的傻瓜會計人。不主動追求宏偉的總部大樓和大房子，只要我們的工作能讓客戶開心，自然會得到應有回報。

古田土會計的「使命感」主要是針對客戶訴求的內容。

即使找出這個答案後，二十多年來，我身先士卒、看過3,000家以上中小企業，仍一直在思考公司存在的意義、什麼才是正確的經營。結果我的信念不但沒有動搖，反而更為堅定。營業收入、獲利不過是手段，連公司的成長都不過是手段，這些絕對不是目的。

古田土會計經營計畫中的「經營理念」，明確的指出就是要「追求員工的幸福，培養品德」，同時「讓客戶高興並得到客戶的感謝」。全體員工共享經營理念，可讓員工把社長的使命感當成自己的事。

我的心靈導師，同時也是經營顧問的一倉定也說：「經營計畫就是一本『魔法書』，可以為員工的內心帶來革命，並為公司創造奇蹟。」

經營計畫要為員工的內心帶來革命，最重要的是讓員工共享使命感和經營理念，並當成自己的事。經營者的責任，就是讓每一位員工盡全力為公司工作的同時，還可以感受到幸福。

因此，能讓這一切成真的經營計畫，一定包含了能讓員工和客戶產生共鳴的使命感與經營理念。這兩者可謂是經營計畫的骨幹，是最重要的因素。

經營計畫中和使命感、經營理念直接相關的部分，就是長期事業計畫。換句話說，也就是要描繪「公司未來願景」。

現在每個中小企業員工，都對自己的未來感到不安。萬一有一天必須離職，只靠年金收入過活時，該怎麼辦？退休後到可以領年金之前的這段收入空窗期，會不會露宿街頭？曾有人說，

經營理念

（志向：全體員工共享）

一、追求員工的幸福，培養品德：

(1) 守護你和家人一輩子。

（公司向全體員工保證。）

(2) 養成良好習慣。

（良樹細根，一個人的成功並非知識量和努力積累的結果。「習慣」才能讓一個人成功。）

(3)永遠思考後再行動。

（思考如何才能讓別人高興、獲得別人感謝並落實。）

二、讓客戶開心並得到客戶的感謝：

(1)引導客戶根據原理、原則正確經營。

（正確經營就是「以人為本的經營」。）

(2)培育對數字敏感的經營者、幹部、員工。

（數字不是編了就好，要實施數字教育。「古田土式」月報與經營計畫是最好的工具。）

　　公司的存在是為了讓人幸福。一個人要幸福，不是賺錢就好，也不是出名就行。而是要提高一個人的體貼、充滿熱情的誠實、正直、感謝的心、美麗的心等資質。公司是提升品德的場所。品德必須辛勤磨練而成，因此辛勤工作就是我們生活的意義。

　　○公司是為了讓人幸福而存在。一個人要幸福，就要讓自己以外的許多人幸福。然而人會依據習慣而行動，總是以自我為優先。要改變習慣，就必須有經營理念。具體來說不改變行動，習慣就不會改變。而要改變行動，就要利用重複的力量，也就是打招呼和打掃。

　　○這是一個評價理念、而非獲利的時代，長壽企業（P.194）並非以獲利為本，而是以理念為宗旨。

「經營理念」是向員工訴說，和員工共享的內容。

就算領得到年金，也無法只靠年金生活，至少還要自備2,000萬日圓。自己繼續待在這家公司，真的沒問題嗎？真的養得活家人嗎？員工會這樣擔心，也是理所當然的。

長期事業計畫的重點是員工的未來

中小企業不同於大企業，付不出太多退休金，而且在職時的薪資獎金也比較少，但卻可以待很久。只要在長期事業計畫中確實描述這一點即可，也就是要明確描繪：為了員工的未來，公司要如何創造營收與獲利，如何回饋員工。

員工只要知道公司對自己的未來有明確的規畫，就可以有正向的心態，積極面對眼前的工作。這就是長期事業計畫的最重要功能。

長期事業計畫中描繪的未來願景，可以看得出三件事：一是員工的未來願景，二是組織的未來願景，三是事業的未來願景。

在此我要強調一點，在這三件事中，必須最讓人看得見「員工的未來願景」。幾乎所有員工最關心的事，都是自己的未來，而不是社長或公司。員工想知道自己的未來會如何，因此連帶的想知道公司和事業的未來。

另一方面，社長也是人，一樣最重視自己和身邊的家人。而且社長有機會和外部顧問等人討論諮詢，而這些人看到的是社長的事，說得極端一點，就是眼中只看得到社長一個人。他們思考的重點會放在社長如何才會有好處、如何才能留住社長的財產

等，結果很容易朝以社長優先的方向，描繪公司的未來願景。

　　當然有些社長會忽視為員工加薪，只努力為公司節稅，或是讓自己有遠高於員工的日支費。換句話說，就是只考慮到社長個人的得失。社長畢竟也是人，當然會有私利、私欲，但那應該另行思考。

　　經營者如果只以自己為優先，那麼詞藻不管堆砌得多美麗，一定會被員工看穿，無法得到尊敬。以我看過數千家公司的經驗來說，這種社長總有一天會失去信任，公司的財務體質也會嚴重惡化。所以請各位經營者務必牢記這一點，先將私利和私欲放一旁，在長期事業計畫中以員工為本，描繪一個以員工為優先的未來願景。

34

夢想很重要，
但獲利才是活下去的根本

　　第一次編製經營計畫的人，通常會從短期獲利計畫開始著
手。不過等到熟練之後，最好還是先編製方針篇，再據此編製短
期獲利計畫。

　　方針篇中的使命感、經營理念再怎麼美好，如果欠缺腳踏實
地的一年期經營目標，也就是短期獲利計畫的話，所謂的經營計
畫就像是畫餅充飢，沒有任何意義。

經營理念很美好，但還是要有獲利當基礎

　　編製短期獲利計畫時，許多經營者很容易犯同樣的錯，也就
是在思考時，以現在的營業收入有多少為出發點，然後依序決定
營業收入應該增加百分之幾、所以獲利應該會有多少。

　　可是這種做法是錯的。上一節也提到，公司應該以「追求員
工的幸福，守護員工及其家人」為經營理念，所以不應該由營業
收入出發，應該從增加（必須增加）多少獲利為出發點來思考。

公司經營有利可圖是件美事

獲利是集員工智慧之大成的結果。身為物理學家、並以《成長的原理》、《創造的原理》等著作，獲全日本經營者信奉的前佐賀大學校長——上原春男教授，在其著作《成長的原理》中表示「企業獲利就是企業創造力的總和」，一語道破獲利的本質。

從會計面來看，營業收入減去費用後就是獲利。然而，從經營面來看，獲利不僅僅是兩者的差額，身為會計師的我這麼說雖然有點奇怪，但我們應該把獲利當成是美好的行為。

古田土會計的經營計畫也提到：「獲利就是守護員工及其家人的成本，也是公司存續所需的事業存續費。」「獲利是件美事。是全體員工努力和智慧的結晶。正確且誠實的經營而獲利，值得自豪。」

獲利是守護員工生活的成本，所以很美好。如果沒有充足的保留盈餘，萬一公司需要賠償損失，或因為天災必須停業時，就無法守護員工。

重點就是要把有關獲利的想法寫在經營計畫中。如果只是用聽的，一下子就忘了，而且每個人會有不同的解讀。在公司內部文件中要載明獲利的定義與含意，讓員工確實理解獲利的美好與重要。

這麼一來，員工會為了提高獲利而貢獻創意巧思。未正確理解獲利意義的員工，可能希望獲利應該全數分配給員工，因為很多員工誤以為，獲利是多出來的。

　　當獲利高時，有的經營者會努力節稅。可是這種做法就像是在告訴大家：「獲利是問心有愧的事。」員工會為這種公司感到驕傲嗎？

　　不支付稅金，就無法累積保留盈餘，更無法守護員工及其家人。建立高收益體質的第一步，就是重新去了解正當的獲利是一件多美好、多重要的事。這種經營的前提，就是必須建立「公司是所有員工的公器、公司存在是為了讓員工幸福」的理念。如果認為公司是股東的，就無法得到員工的配合，難以實現全員上下一心的高收益企業。

　　因此，短期獲利計畫，必須由「獲利是為了什麼而存在」開始寫起。獲利不是為了讓社長變成有錢人，而是為了守護員工及

其家人而存在。從這裡出發，再根據實績與社會情勢，決定今年應該創造多少獲利，因此必須有多少營業收入。右頁顯示由「公司的獲利是為了守護員工及其家人」的經營理念出發，導出短期獲利目標的利益（稅前淨利）以及營業收入的流程。供各位讀者參考。

詳讀資產負債表和損益表，算出必須的獲利數字

社長的出發點應該是「獲利就是守護員工及其家人的成本，也是公司存續所需的事業存續費」，並算出本年度的稅前淨利。

此時要詳讀編製經營計畫時所需的資產負債表，掌握權益比率、借款餘額、現金與存款餘額等資訊。考量如果要打造不易倒閉的公司，本年度應有多少保留盈餘；即使還款後也不減少現金與存款水位，應有多少必要利益；為了發年終獎金、應增加多少獲利等，然後計算明年度的目標獲利。

之後再根據截至去年度為止數年分的損益表，就可以推估明年度的固定費用和毛利率，最後算出目標營業收入。

從資產負債表可以了解權益比率、現金、存款和借款等金融負債和信用負債、存貨等資訊。從損益表可以掌握固定費用、毛利率、毛利金額等，然後再加上員工數、應列入考量的社會情勢指標等，應該就可以算出保留盈餘的目標。然後推算出應有多少稅後淨利，再據以推算出稅前淨利目標。

守護員工及其家人，必須有多少獲利？

所謂獲利就是守護員工及其家人的成本，是事業存續費。

▼

| 為了打造不會倒閉的公司，以人均1,000萬日圓的淨值金額（保留盈餘）為目標。 | 必須有充足的獲利，即使每月還款，也不會降低存款水位。 | 為了員工著想，獲利增加金額以「能發出比去年更多的年終獎金」為基礎。 |

▼

(1) 因此明年必須以此獲利金額為目標

▼

(2) 明年可能需要這麼多固定費用

▼

(3) 所以必須賺到相當於(1)＋(2)的營業毛利

▼

(4) 由公司的毛利率來看，明年需要這麼多營業收入

變動損益表（變動P/L）

本頁示意表，是表示花幾年的時間，讓人均淨值金額有一天達到1,000萬日圓的目標。因此明年作為第一階段，首先就要達成1,000萬日圓稅前淨利的目標。

35

達成程度要看金額，
不要看比率

依據「經營計畫」編製的一年度短期獲利計畫（以數字顯示當期經營目標的計畫），要再細分為每月計畫。將每月計畫放在手邊，每月檢查計畫與實際業績的差距，一邊注意目標達成狀況，一邊修正經營方向。如果發現問題就要找出原因，隨時採取因應對策；如果有大商機上門，也可以投入資源、進一步擴大收益。

古田土會計則會建議客戶親手填寫每月計畫和實績，並檢查達成狀況。

與目標的差異要看金額，百分比容易混淆事實

填寫計畫和實績時，最常見的錯誤就是寫下達成率，而非計畫與實績的差異金額。編製獲利計畫的公司，常常會用營業收入「比去年度成長10％」、稅前淨利「比計畫增加30％」等表達方式。然而在古田土式經營中，我們建議大家不要看百分比，計畫與實績的差異必須看絕對值，也就是金額才行。

　　假設本年度經營目標為一年3億日圓的目標獲利。距離年度末只剩一個月時，累積11個月的目標稅前淨利為2億7,500萬日圓，而實際業績為2億7,000萬日圓。在計畫的月累積實績欄位中填入2億7,000萬日圓，當然沒有問題，但千萬不要寫下達成率98％，不要寫下比率，正確的填寫方法是不足500萬日圓。

　　寫下比率會發生什麼事？說來很不可思議，人們會因為看到「已經達成98％」而心滿意足。

　　另一方面，如果寫下金額，人們就會因為「累積11個月，應該有2億7,500萬日圓，還差500萬日圓」而感到焦慮。第12個月為了補足前11個月的缺口500萬日圓，就必須創造出3,000萬日圓

的利益，於是會努力思考是否還有能請款的對象、是否能再縮減一些經費等，最終常常因此得以達成目標。

千萬不能以為：「不管是比率還是金額，不都一樣嗎？」

獲利，特別是稅前淨利，和保留盈餘直接相關。在看這個數字時，不能只看比率，而是要看金額，這是絕對條件。高收益體質就是由細節做起。

也有公司同時記載差額和達成率，不過員工的注意力很可能被達成率拉走。所以古田土會計的經營計畫中，沒有達成率的欄位，只能手寫填入差額。

掌握實際數字以提振士氣

要提振員工士氣，用金額來掌握利益，也是有效的作法。

25％的日本中小企業不會發放定期獎金。就算沒發放定期獎金，只要稅前淨利超出目標時，發放年終獎金也可以。當然最理想的狀況，是除了發放定期獎金之外，還能發放年終獎金。

如果一家公司當獲利超出目標時，會發年終獎金，年終獎金多寡隨超標金額大小波動，讓員工習慣用金額掌握實際業績和目標值的差異，就可以創造良性循環。因為超標部分會反映在自己的年終獎金上，對員工來說這是攸關自身的大事，自然會積極想方設法增加業績。

舉例來說，如果獲利計畫目標為1,000萬日圓，結果實績為1,300萬日圓，相當於超標部分300萬日圓的三分之一，也就是

100萬日圓,就是分配給員工的年終獎金總金額。三分之一的想法是基於將獲利分成年終獎金、保留盈餘、稅金三份的思維。如果員工人數有10位,每人就可以領到10萬日圓。這麼一來對全體員工來說,就會成為很大的激勵了。

用金額掌握目標與實績的差異,絕對比用比率掌握更好。

36

老闆的年度目標要跟員工的執行計畫結合

有些經營者表示，計畫太詳細猶如畫餅充飢，所以經營計畫只擬定年度獲利計畫，並大致細分到每月計畫就結束了。

太過詳細的目標的確就像是畫餅充飢。可是並不是只要有年度獲利計畫和每月獲利計益，就可以達成目標。光這兩個計畫，看不出商品服務的具體銷售戰術，如要賣給誰、怎麼賣等，每位員工就無法自行思考後行動。要讓員工能自行思考並付諸行動，必須將年度獲利計畫和每月獲利計畫，落實到「各商品銷售計畫」和「各經辦人員銷售計畫」等具體目標上。這些可以想成是指示具體戰術的作戰指示書。

注意各商品的銷售計畫，適時調整主力商品

「營業收入目標達標沒問題，可是卻無法獲得充足的獲利……」，想必許多經營者也有這種煩惱。我想原因應該出在，未擬定各商品銷售計畫。

　　所謂各商品銷售計畫，就是哪一種商品（包含服務）要賣多少錢的彙總表。計算每一種商品的成本，填入毛利金額。

　　如果沒有如此詳細的銷售計畫，業務人員很容易只銷售好賣的商品。好賣的商品就是毛利差、站在客戶角度來看很超值的商品。因為顧客喜歡，就只賣那種商品，毛利當然停滯不前。

　　高毛利率的商品大多是新產品，對客戶來說雖然也有優點，但不仔細說明就賣不出去。為了確實銷售這種商品，高層必須擬定銷售計畫，然後員工依計畫行動，才能達成目標獲利（毛利）。此外，許多經營者也會編製各主力客戶銷售計畫，但這是掌握交易動向的計畫，和各商品銷售計畫截然不同。

　　如果覺得一一計算商品的成本很麻煩，一開始也可以憑直覺填入毛利率。只要是經營者，應該都有大致的印象，能感覺「這項商品的毛利率大概是這樣」。數字不用非常精準，就用這種印象中的數字編製每項商品的銷售計畫。只要有「商品A要賣250個」等數字目標，員工自然會有不同的行動。

　　活用各商品的銷售計畫，可以讓銷售戰略條理清楚。如果實際業績超出計畫，就表示市場對這項商品的需求度很高，就要更努力推銷。如果業績不如計畫，就要先確認員工是否照著經營者的指示行動。如果員工照著做，卻還是無法達成，就要調整商品規格和銷售手法。

　　經營顧問大師一倉定常提到這個想法。我以這個想法為基礎再加入一點，也就是應該把實績超過去年、但未達計畫的商品，當成加強促銷的重點商品。計畫說穿了，就是公司自以為是的數

字，有時也會誤把目標設定得太高。如果業績低於去年的業績，表示商品可能逐漸不符合市場需求，那就要考慮是否不再把該商品當成重點商品。

　　只要擬定各商品的銷售計畫，就可以清楚看出銷售戰略的條理脈絡。年度獲利計畫和各商品銷售計畫以百萬日圓為單位，填到小數點第一位為止。中小企業的營業收入規模通常不大，只要能理解到10萬（日圓）單位的數字，就很容易運用。

擬定各經辦人員銷售計畫，要以小金額為單位

　　除了各商品的銷售計畫外，如果能再加上「各經辦人員銷售計畫」，會更為有效。

　　古田土會計會針對每位經辦人員（有負責客戶的員工），擬定年度銷售計畫。年度計畫雖然是「1,800萬日圓」等大數字，但每月計畫卻以千（日圓）為單位，而且不是單純的把年度計畫除以12個月。

　　假設有一位經辦人員的年度計畫為1,800萬日圓，他的每月計畫不能是「每月150萬日圓（1,800萬日圓÷12個月）」。因為這種平均值完全看不出個人的用心。應該要參閱前一年度的實際業績，以千（日圓）為單位、估算每月目標，然後加總後得出1,800萬日圓的結果。

　　以下就是一例。「3月就快到會計年度尾聲了，我要加油！來擬一個比去年增加10萬8,000日圓的計畫吧。」「5月會推出新產品，6月我要努力開發新客戶，賣出215萬5,000日圓。」像這樣以千（日圓）為單位擬定目標，員工就可以在腦中描繪出全年應有的具體工作方式。因為員工會思考：「為什麼這個月是這個金額？」於是數字便有了意義，成為包含經辦人員想法的數字。

　　因為是自己努力想出來的計畫，一旦達成，喜悅感也非比尋常，也會產生下個月要繼續努力的想法。反之，如果未能達標，也會想方設法的努力：「如何才能在年底前彌補10萬4,000日圓的缺口？」如果只是單純把年度計畫除以12，就無法引發這種自發性行動。

　　此外，一邊考慮工作方式，一邊累積以千（日圓）為單位的計畫，也可以看清年度計畫是否合宜。計畫不是公司單方面強迫員工達成的業績，如果本人覺得年度計畫目標太高，也可以和主

管討論調降。

　　或許有些業種的公司因為商品、服務的單價高，與其以千（日圓）為單位，擬定以萬（日圓）為單位的計畫會更為合宜。反之，或許有人認為用百（日圓）或一（日圓）為單位，應該更有效果，不過太瑣碎的數字反而不切實際。

　　根據我指導許多企業的經驗，雖然和營業收入也有關係，但我仍建議中小企業的經辦人員銷售計畫，以千（日圓）為單位最合宜。

　　金額單位太大，就難以窺見每個月的營業收入變動與負責的主要客戶狀況，但數字太過籠統，又會缺乏緊張感。

　　這樣看來，數字不單單只是記號，它擁有龐大的力量，可以改變人類的思維和行為模式。我一直以來都這麼認為。

37

讓員工自己寫自己的每月計畫

公司為建構高收益體質，原則上就要編製經營計畫，內含整理過的公司和個人目標。當然如果光編計畫卻不能達標，就沒有意義了，因此必須每個月檢查計畫和業績的差異，並提出對策。

個人實績要「全員發表，全員填寫」

那麼該由誰來檢查？幾乎所有公司都由統籌部門的管理階層檢查，再層層上報，最終到經營者手中。所以許多社長都以為，管理階層會比對計畫與實際業績，自己最後再做複核即可。然而，這種想法是錯的。為了引發每一位員工的創意巧思，必須由員工自己、而非社長檢查，並自行思考才行。

我建議的做法，就是利用上一節說明的「各經辦人員銷售計畫」，由所有員工檢查，全員發表，全員填寫。

古田土會計身體力行這種做法。此外，我們支援的中小企業也一樣，業績也因此確實成長。

員工自行檢查，全員發表時，最好讓大家齊聚一堂。但當員

工人數越來越多，也可以透過內部電子郵件，讓全體員工同時共享，這可以根據公司規模決定。

本公司在員工人數未超過220人之前，有長達30年的時間，都是將包含部分工時員工在內的所有職員，集合在大會議室中，舉行所有員工的營業收入發表會。每位員工依序發表「我上個月的營業收入為○○萬日圓」，然後其他人親手填寫在經營計畫中。近200位員工都有同樣的經營計畫（包含可以手寫填入的各經辦人員銷售計畫）。所有人依序發表並手寫在計畫中，是非常壯觀的景象，而且因為身歷其境，更能讓人產生萬眾一心的興奮感。

當然，你也可以透過電子郵件或網路工具等，同時寄發每月實際業績給所有員工，讓大家同時共享資訊。只要全體員工共享這些資訊紀錄，某種競爭原理就會發揮作用，更容易客觀的自我分析，這也是另一個優點。即使目前古田土會計員工人數已超過220人，透過內部電子郵件共享資訊，仍能發揮功效。

不過當公司規模還小時，還是請大家盡量讓全體員工齊聚一堂發表。因為身歷其境的資訊共享，會激盪出想要實現經營計畫、眾志成城的能量。古田土會計也沿用這種方法長達30年，所以即使現在改為透過網路共享資訊，仍能發揮功效。如果員工人數未滿100人，也花不到30分鐘。誠心建議大家務必採用。

其中當然也有人未能達成自己的每月目標，但當下我不會表示任何意見。若是叱責他，當事人也很可憐，而且可能會讓他灰心喪志。因為所有員工一起發表、共享，人們自然會認為「我不能老是輸」。員工個人目標不是單純的數字目標，而是讓員工成長

的必要工具。社長必須讓員工相信這一點，這是社長的工作。社長必須在經營計畫中明確表示這一點，平日也必須經常對員工耳提面命。

職員除了正式員工，也包含部分工時員工。古田土會計中的部分工時員工沒有自己負責的客戶，無法直接從客戶身上獲得營業收入，但我們建立了一個機制，如「只要編製一本月報，就可以得到一成顧問費作為營業收入」等，讓這些員工只要提供協助，就可以獲得部分營業收入。只要有這樣的機制，部分工時員工也可以發表自己的成果。

正因為中小企業規模還小，才有辦法這麼做。如果是以個人

之力難以創造出營業收入的業種、職種，也可以以小組為單位來發表。

　　一般企業的月報會議，大都由部課長級以上幹部，或只由業務部門參加，要導入所有員工都參加的報告形式，我知道相當困難。但也正因為所有員工參與並報告、共享資訊，更能激發員工士氣。請大家務必嘗試看看。

　　古田土會計的客戶中，只要是讓所有員工發表、共享個人業績的公司，職員們都會為了達標而努力做出成果。只要員工們團結一心，公司就可以加快腳步、建立高收益體質。

38

萬一未達成，要如何追究？

運用「各經辦人員銷售計畫」，以千（日圓）為單位，詳細擬定每位員工每月的營業收入目標，可以讓員工關心數字，自行思考計畫與實際業績的差異，積極的採取行動。

但有時就算有數字目標，卻無法達成上述效果，反而讓員工更為消極被動。例如，每當未能達成計畫時，社長和管理階層就嚴厲叱責每一位未達標的員工，表示「數字就是人格」，質問員工為什麼沒有達標等。這種公司不只無法獲得運用數字的效果，還可能造成反效果。

數字是用來檢視成長，不是用來壓榨

認為「數字就是人格」的社長會自食其果。這種公司的員工會認為，公司之所以無法達標是社長的責任，是因為社長人格有缺失。

一家公司的員工會積極自主行動或是被動消極，差異到底在哪裡？答案就是目的不同。

　　即使經營計畫的經營理念中明白寫著「員工優先主義」，但幾乎所有公司都是說一套，做一套。這種公司不論堆砌多少華麗辭藻，經營團隊的最終目的就是營業收入和獲利，員工心裡其實也很清楚。所以目標數字對員工來說，不過是痛苦萬分的存在。

　　營業收入和獲利無法達標時，社長如果叱責員工，員工便會覺得：「難道社長只關心數字嗎？」因此懷疑經營計畫和經營理念，最壞的狀況就是員工紛紛另謀高就。

　　此時，數字不過是對員工施壓的工具，完全無法激發他們的積極行動。只要員工心存一絲懷疑，覺得目標數字是經營者為了滿足自己，或管理階層為了飛黃騰達而定的，員工就會立刻消沉喪志。

　　擬定數值目標，單純是為了讓員工成長、讓員工幸福。只要社長心中真的這麼想，員工會很敏銳的察覺社長的想法，自動自發行動。

　　如果你無法發自真心，抬頭挺胸說自己是為了員工的幸福，那就必須重新回到經營計畫的經營理念，好好重新思考一下。

　　對員工來說，數字就是用來確認自己的成長程度，知道自己努力多少的「資料」。員工努力的結果，就是公司的發展，不能為了公司的成長而壓榨員工，所以不能叱責未達標的員工。社長會因為未達標而發飆，正是因為公司並非採員工優先主義。員工是有緣齊聚在公司裡，為了社長的使命而一起工作，是無可取代的夥伴。

　　但如果員工在工作時偷工減料、圖謀不軌、外遇、性騷擾、

職權騷擾等，或不依照公司方針行動，永遠自以為是，就必須嚴格指導。必要時也要叱責這種員工。人事考核時反映在大幅減少薪獎上，甚至視嚴重程度請他走人。

我們都是專業人士，必須提供客戶最好的商品、服務。能力不佳的人只要努力，再接受其他人支援，就可以做好工作。但有能力卻偷懶的員工，就必須認真叱責，甚至處罰才行。

一起想對策，勝過嚴厲斥責

社長應該做的事，就是冷靜下來、想想如何才能達成目標。古田土會計會由社長、主管和員工一起談，一起找出方法、消除

目標與業績落差。

這樣做可以讓員工知道自己該如何努力。當然，有時也會調降員工的目標。例如員工如果常被客訴，就經由每個月的面談，減少他負責的客戶等。

不論是否達標，原本中小企業就應由社長負全責。只要戰略正確，商品和服務夠好，數字自然蒸蒸日上。叱責員工「大家神經繃緊一點，再這樣下去一定無法達標」，就好像是朝著天空吐口水一樣，最後倒楣的還是自己。

數字很有力量，更別提經營計畫中的目標數字，力量更是非比尋常。對員工來說，與其每月檢查，最好每天確認並放在心上。老闆可以讓員工的心正向積極，也可以讓員工的心負面消極，請務必記住這一點。

39

公私帳分明，
員工才會有向心力

編製、實行古田土式經營計畫時，必須對員工公開有關財務報表和經營的大小事。

有關經營的細節資訊，中小企業不只常常對外保密，對員工也守口如瓶。這種公司的社長幾乎都認定，不應該讓員工看到關鍵的數字。他們認為經營公司是經營者的事，員工只要聽令行事即可。可是就算公司規模再小，也是社會公器，就算是股票未公開發行的公司也一樣。

要活用經營計畫，就要公開所有數字

隱藏經營相關數字的做法，在現代可說是落伍的想法，我稱之為「昭和時代的經營方式」。古田土會計會把公司總帳放在員工休息室中，人人可翻閱。

所謂的總帳，就是按現金、應收帳款、應付帳款等會計科目，整理每日收支的帳簿。只要看總帳，立刻知道公司當下有多

少現金和應收帳款。

此外，員工的努力會反映在每月報表中，所以我們每月也會將損益表和資產負債表發給所有職員，包含部分工時員工。或許大家會以為：「會計師事務所本就擅長處理數字，對內公開總帳和月報本就理所當然。」其實這是誤解。一般會計師事務所不會這麼做。每次跟同業提到我們對內公開總帳，大家都驚訝不已。

再者，我連董監酬勞都公諸於眾。董監酬勞根據古田土會計的公開計算基準來計算，不摻雜私利、私欲。我住在太太的老家，興趣就是工作，這個金額對我來說已經很多了。

停止公私不分，就能緊抓員工的心

高層之所以不想公開自己的酬勞，應該是心有愧疚，以為「相較於員工薪資，自己領得太多了」。之所以隱藏經費和獲利，或許也是因為怕員工以此為藉口，要求：「公司既然賺這麼多，我們要加薪！」

我當然也有私利、私欲，但為了守護員工及其家人，公司必須保留資金。所以我會用盡各種方法告誡自己，不可以公私不分。正因為我知道自己是軟弱的人，為了不公私混淆，才會公開資產負債表、損益表、總帳、董監酬勞。而且我也不想讓員工誤會好處都是我拿走了。

過去我看過許多經營者公私混淆，許多人用公司費用購買昂貴的私人物品或公寓等。買高級轎車當公務車，然後當自己的私家轎車來用，或者是讓親戚掛名董監、領高額酬勞等，也是一樣的道理。如果是在員工年年加薪的時代，員工也不會計較太多，但時代已經不同了。

想方設法中飽私囊的社長，一定會失去員工的心，員工遲早會離開公司。

如果你的公司員工流動率很高，請站在第三者的立場，檢查一下自己是否公私混淆。一定有這種問題潛藏在某處。就算你以為自己藏得很好，員工不可能發現，一定還是會露出蛛絲馬跡，早就被發現了。

此外，當我請員工吃飯時，我一定不會拿收據。要是拿了收據，員工就以為我會報公帳。這樣一來，就算員工口頭上表示感謝，心裡卻會不滿：「社長連自己的餐費都報公帳。」

現在是人手不足的時代，站在員工的立場來說，只要願意找，就有工作做。網路上輕鬆就可以取得其他公司的資訊，對於這種公私不分的社長，員工應該會儘早跟他分道揚鑣吧。

對中小企業來說，現在要提升業績，就必須強化組織力。習慣藏東藏西的公司，不可能有良好的風氣，絕對不是一個好組織。大家可以看看自己身邊的公司。許多對時代潮流很敏感的經營者，或是業績蒸蒸日上的老闆，應該都願意公開公司的數字。對中小企業經營來說，能否拒絕公私不分，可說是重大的經營課題。

編製並運用經營計畫，就會公開各式各樣的數字，自然就和公私不分絕緣。大家要不要下定決心編製經營計畫，建立一個公私分明的公司，成為良好的社會公器？

40

經營計畫發表會，
全員都要一起參與

如何將經營計畫的內容傳達給員工，這其實也是一件大事。如果老闆好不容易花時間編出真正有用的經營計畫，卻未能正確傳達給員工，就失去意義了。

一般大規模公司的做法，就是先和幹部共享，以社長和幹部為主整理出經營計畫，然後在各部門會議上普及到部門員工，也就是所謂由上而下的傳達。可是這種做法，絕對無法滲透到每一位員工身上。如果要讓經營計畫滲透到每一位員工的心裡，就必須召開經營計畫發表會，讓包含部分工時員工在內的所有職員一起參加。

舉行經營計畫發表會，說明具體的願景

古田土會計每年都會在創業紀念日1月11日，召開經營計畫發表會。往年還會堅持「1」這個數字，選在下午1點11分正式開始。

現在除了本公司的全體員工之外，還會邀請同業的稅務士、客戶公司的經營者來參加，讓將近800人齊聚一堂。現場這麼多人，當然無法擠到本公司的會議室裡，所以我們會租借附近的大型會場開會。

在發表會上，先由社長熱情、用心的陳述本年度的經營計畫，說明數字目標和該採取什麼戰略，以打造出什麼樣的公司。然後由代表員工的幹部宣誓配合社長方針。

說句不怕大家誤會的話，其實經營計畫發表會就是一種儀式。要傳達內容，形式也很重要。所以我們的發表會一開始，會要求包含來賓在內的所有在場人員起立，齊唱國歌，藉此為發表會暖身。

社長在發表會一開始，會熱情詳述，就長期來說，公司將如何讓員工及其家人幸福。所有員工之所以會專注傾聽社長的發表，正是因為裡頭有攸關自己未來的方針。社長力陳的長期事業計畫的核心，就是員工未來的願景。

經營計畫每年都會改寫，特別是基本方針，通常都是社長一個人的想法。每年改寫時最重要的一點，就是能否清楚描繪出員工的未來願景。例如某年就以員工待遇的未來願景為重點發表內容。以下來看一下具體內容：實現高薪（以高出東京同業薪資10％為基準）、最晚八點一定讓所有員工下班、終身雇用、70歲退休等。

在長期事業計畫中，像這樣描繪員工可以切實想像得到的明確未來，可說是發表會中最重要的部分。

然後，也會發表數字面的重要內容。關於數字部分，公司全體的獲利計畫和各商品的獲利計畫由社長編製。另一方面，各小組、各員工的銷售計畫，則在前一個年度的12月第一個星期五，由全體員工出席，各小組檢討目標數字，然後再對照全體計畫後編製。

對公司內外宣告並共享經營計畫

經營計畫發表會就是對公司內外宣告經營方針、數字目標，並彼此共享的場合。實現目標必須有員工配合，所以和員工一起編製承載未來夢想和希望的經營計畫，就是建立高獲利體質的關

鍵所在。

　　編製只有數字的計畫，無法取得員工配合。我也曾去參加其他公司的經營計畫發表會，看過許多經營計畫無法確實傳達社長經營理念和未來願景，或是完全未提及員工的未來。那種計畫只不過是空有形體，欠缺內涵。

　　我之所以邀請客戶公司的經營者等外部人士，參加本公司發表會，就是希望大家能以我為範本，編製能讓員工及其家人高興的經營計畫。正因為是中小企業，才能經由經營讓員工及其家人幸福。因為社長一個人的想法，就可以讓員工及其家人幸福。社長必須身先士卒，以員工為優先，員工也必須以客戶為優先。

　　我希望各位的公司都能召開經營計畫發表會，一開始就算只限員工參加也無妨。請大家就當成是被我騙了，嘗試一次吧。

　　就算只限員工參加，要在所有員工面前召開經營計畫發表會，也必須下定決心才行。社長必須有所覺悟。而且這也是為經營計畫畫龍點睛的最後步驟。經過發表會宣告的數字便有了靈魂，社長、幹部、員工才能團結一致，為達成目標動起來。

專欄

古田土式「經營計畫發表會」實例

　　如果要召開「經營計畫發表會」，要準備什麼、注意什麼地方？在實務上有許多必須考慮到的細節，所以這裡以古田土會計的「經營計畫發表會」為實例，說明如何召開、順利召開的訣竅和啟發。沒有必要一開始就籌備一場完美的發表會，請參考我們的召開方法，從可以著手的地方開始。

　　古田土會計集團的經營計畫發表會，原則上在每年1月11日，下午1點11分開始。這是因為1月11日是創業紀念日。

　　一般來說，發表會的主旨是發表新一年度的方針，所以建議大家在新年度開始前的結算月舉辦。

　　當天的時間安排如下。

第一部分　方針專題演講（90分）

第二部分　發表經營計畫

　　　　・開會致辭

　　　　・齊唱國歌

- 社長發表方針（90分）
- 幹部發表實行宣言
- 結束致辭

第三部分　聯歡會（90分）

- 來賓致辭、乾杯致辭
- 員工表揚（全勤和優秀員工獎等）
- 升遷等的派令布達
- 員工表演節目與影片（創業時的影片、公司未來願景影片等）
- 結束致辭

在古田土會計的客戶舉辦的經營計畫發表會上，有公司是由社長親手遞交年終獎金，也有些公司會邀請員工家屬一起參加聯歡會。方針專題演講並非必要，但比起只有社長一人滔滔不絕的力陳方針，邀請外部講師客觀陳述經營計畫的意義，有時更能打動員工。發表會是全公司員工齊聚一堂的場合，可以請理念、想法和社長一樣的外部人士來演講。此外，也可邀請方向雷同，但由不同角度切入，可讓聽眾獲得新知的人士來演講。

經營計畫發表會，是經營者和員工共享自己提出的未來願景的重要儀式。如果員工覺得這不過是平常開會時社長常說的話，那麼即便社長認真的發表方針，也無法打動員工。有一些訣竅可以避免出現這種狀況。

1.舉辦的會場選擇外部設施、而非公司內部。建議可以租借飯店會議室，或是公共設施的租賃會議室。

2.這是一個典禮，所以即便員工平日都穿制服和作業服，這一天也要穿西裝、打領帶。

3.除了員工，也邀請有業務往來的金融機構、上游進貨廠商、外包協力廠、認識的經營者等支援公司的第三方與會，可讓全體員工心中帶著緊張感。此時如果安排專題演講，外部人士也能藉此機會獲得新知，可提高外部人士參與的意願。

4.社長不要自己從頭主持到尾，而是安排一位員工擔任司儀，可以讓發表會進行得更有效率。

當天分發的經營計畫，是全體員工工作時最重要的「工具」。這是要使用一年的重要文件，所以不要只用公司內的印表機隨意列印後，用訂書針或迴紋針固定，建議確實請外部印刷公司印刷裝訂。這樣一來，也可以讓大家意識到這份文件的重要程度。

古田土會計在發表會當天，會將印刷裝訂好的經營計畫，放在包含來賓在內的所有與會人士桌上，同時用紙製書腰封住。書腰上寫著「經營計畫發表會開始前，請勿打開」。直到社長下令後才能打開，可以讓員工在會議開始前保持適度的興奮與緊張：「不知道這次的經營計畫有什麼樣的內容啊？」

在召開發表會的半年前，古田土會計的員工就會著手準備，包含決定承辦職員、預約會場、決定方針專題演講的講師、聯歡會企劃等。由全體員工共同參與、籌辦一年中最重要的活動，也可以讓員工更有團隊感。

經營計畫發表會是一年一度的重要活動，對員工來說，事前準備當然也是大事。一定有人會覺得日常工作都忙不過來了，還要籌辦活動，很麻煩。因此社長必須不厭其煩的傳達，這個活動攸關每一位員工的未來，和員工共享這樣的想法。這麼一來，每位職員就會把經營計畫發表會當成是自己的事，積極準備、籌辦發表會。

結語

連續37年營收正成長的祕訣都在書中了

讀到這裡，大家覺得如何？

我想大家應該已經了解，對中小企業來說，社長的錯誤觀念有多麼危險，以及許多錯誤觀念都肇因於對財務本質不夠了解。

然而，只要能理解損益表、資產負債表和現金流量表等財務報表的本質，經營時活用這些報表作為經營分析的工具，誤解就會越來越少，也能避免公司陷入危機。再者，如果還能活用本書介紹的資金別資產負債表和經營計畫，那麼對於必須獨自一人做出最後決策的中小企業社長來說，真可謂是有了強而有力的支持。

身為經營者之一，我也親自實踐本書內容，經營公司至今。我不只是口頭告訴客戶，也透過身體力行，請客戶模仿，以成為客戶的模範為目標，一直以來我都努力實踐本書中提及的經營知識技術，結果古田土會計自創業以來，從來不曾虧損，還創下連續37年營業收入成長、經常利益率（按：近似於臺灣的稅前淨利）20％、零借款、權益比率超過90％的成績。

本書內容都是我在經營公司時，培養並磨練出的經營手法本

質，也是精華之所在。希望大家都能將本書放在手邊，並充分活用書中內容。

另外，本書要傳達的不光是財務知識。另一個主要的內容是理念，也就是對員工來說，中小企業社長應該是什麼樣的經營者。中小企業社長應該一輩子守護員工及其家人，不管經營知識、技術再怎麼優異，如果沒有這種理念，也沒有意義。而理念會表現在企業文化中。

請大家務必來參觀古田土會計。看看我們的朝會和員工的招呼，立刻可以感受到我們的企業文化。想進一步了解本書內容，或有財務、經營困擾的讀者，也歡迎找我諮詢。我一定可以幫得上忙。

最後，在此對本公司執行董事川名徹致上最深的謝意，在我撰寫本書時，他不厭其煩的和我討論，充實本書內容的深度。如果沒有他，這本書就無法問世。另外，也在此由衷感謝負責撰寫部分原稿的森尾勝俊，以及接任我成為古田土會計集團古田土經營社長的飯島彰仁，以及所有員工。

國家圖書館出版品預行編目（CIP）資料

賺錢公司也會倒閉！讀財報最常犯的40個誤解：37
年不敗會計師幫你破解，讓現金流極大化、實質
獲利現形，晉升重要職位者必讀／古田土滿著；
李貞慧譯. -- 初版. -- 臺北市：大是文化有限公司，
2021.08

240 面；17 x 23 公分. --（Biz；364）

譯自：熱血会計士が教える 会社を潰す社長の財
務! 勘違い

ISBN 978-986-0742-29-9（平裝）

1.財務會計　2.財務報表

495.4　　　　　　　　　　　　　　　110008032

Biz 364

賺錢公司也會倒閉！
讀財報最常犯的40個誤解

37年不敗會計師幫你破解，讓現金流極大化、實質獲利現形，
晉升重要職位者必讀

作　　　者／古田土 滿
譯　　　者／李貞慧
校對編輯／張祐唐
美術編輯／林彥君
副 主 編／劉宗德
副總編輯／顏惠君
總 編 輯／吳依瑋
發 行 人／徐仲秋
會　　　計／許鳳雪
版權經理／郝麗珍
行銷企劃／徐千晴
業務助理／李秀蕙
業務專員／馬絮盈、留婉茹
業務經理／林裕安
總 經 理／陳絜吾

出 版 者／大是文化有限公司
　　　　　臺北市 100 衡陽路 7 號 8 樓
　　　　　編輯部電話：（02）23757911
　　　　　購書相關資訊請洽：（02）23757911 分機 122
　　　　　24 小時讀者服務傳真：（02）23756999
　　　　　讀者服務 E-mail：haom@ms28.hinet.net
郵政劃撥帳號／ 19983366　戶名／大是文化有限公司

法律顧問／永然聯合法律事務所
香港發行／豐達出版發行有限公司　Rich Publishing & Distribution Ltd
地址：香港柴灣永泰道 70 號柴灣工業城第 2 期 1805 室
Unit 1805, Ph.2, Chai Wan Ind City, 70 Wing Tai Rd, Chai Wan, Hong Kong
電話：（852）2172-6513　傳真：（852）2172-4355
E-mail：cary@subseasy.com.hk

封面設計／林雯瑛
內頁排版／陳相蓉
印　　　刷／鴻霖印刷傳媒股份有限公司
出版日期／ 2021 年 8 月初版
定　　　價／ 400 元 （缺頁或裝訂錯誤的書，請寄回更換）
Ｉ Ｓ Ｂ Ｎ ／ 978-986-0742-29-9
電子書 ＩＳＢＮ ／ 9789860742480（PDF）
　　　　　　9789860742473（EPUB）
Printed in Taiwan